国家级职业教育规划教材
人力资源和社会保障部职业能力建设司推荐

技工院校一体化课程教学改革电子技术应用专业教材

电子设备安装

中国劳动社会保障出版社

技工院校一体化课程教学改革电子技术应用专业教材

电子设备安装

人力资源和社会保障部教材办公室组织编写

中国劳动社会保障出版社

内容简介

本书主要内容包括杜比5.1声道家庭影院系统的安装与调试，会议室语音、视频系统的安装与调试，舞台灯光音响系统的安装与调试三个学习任务。

图书在版编目(CIP)数据

电子设备安装/人力资源和社会保障部教材办公室组织编写. —北京：中国劳动社会保障出版社，2016

技工院校一体化课程教学改革电子技术应用专业教材

ISBN 978-7-5167-2642-6

Ⅰ.①电… Ⅱ.①人… Ⅲ.①电子设备-设备安装-技工学校-教材 Ⅳ.①TN805

中国版本图书馆CIP数据核字(2016)第175758号

中国劳动社会保障出版社出版发行

（北京市惠新东街1号　邮政编码：100029）

*

北京市艺辉印刷有限公司印刷装订　　新华书店经销

787毫米×1092毫米　16开本　9.75印张　169千字

2016年11月第1版　　2023年2月第2次印刷

定价：19.00元

营销中心电话：400-606-6496

出版社网址：http://www.class.com.cn

http://jg.class.com.cn

技工院校一体化课程教学改革教材编委会名单

编审人员

主　编：陈用刚

副主编：江智莹

参　编：赵新辉　张　倩

主　审：赵新生

序

习近平总书记指示：“职业教育是国民教育体系和人力资源开发的重要组成部分，是广大青年打开通往成功成才大门的重要途径，肩负着培养多样化人才、传承技术技能、促进就业创业的重要职责，必须高度重视、加快发展。”技工教育是职业教育的重要组成部分，是系统培养技能人才的重要途径。多年来，技工院校始终紧紧围绕国家经济发展和劳动者就业，以满足经济发展和企业对技术工人的需求为办学宗旨，既注重包括专业技能在内的综合职业能力的培养，也强调精益求精的工匠精神的培育，为国家培养了大批生产一线技能劳动者和后备高技能人才。

随着加快转变经济发展方式、推进经济结构调整以及大力发展高端制造业等新兴战略性产业，迫切需要加快培养一批具有精湛技能和高超技艺的技能人才。为了进一步发挥技工院校在技能人才培养中的基础作用，切实提高培养质量，从2009 年开始，我部借鉴国内外职业教育先进经验，在全国 130 余所技工院校先后启动了两批共计 15 个专业（课程）的一体化课程教学改革试点工作，推进以职业活动为导向，以校企合作为基础，以综合职业能力培养为核心，理论教学与技能操作融合贯通的一体化课程教学改革。这项改革试点将传统的以学历为基础的职业教育转变为以职业技能为基础的职业能力教育，促进了职业教育从知识教育向能力培养转变，努力实现“教、学、做”融为一体，收到了积极成效。改革试点得到了学校师生的充分认可，普遍反映一体化课程教学改革是技工院校一次“教学革命”，学生的学习热情、综合素质和教学组织形式、教学手段都发生了根本性变化。试点的成果表明，一体化课程教学改革是转变技能人才培养模式的重要抓手，是推动技工院校改革发展的重要举措，也是人力资源社会保障部门加强技工教育和职业培训工作的一个重点项目。

教学改革的成果最终要以教材为载体进行体现和传播。根据我部推进一体化课程教学改革的要求，一体化课程教学改革专家、几百位试点院校的骨干教师以及中国人力资源和社会保障出版集团的编辑团队，组织实施了一体化课程教学改革试点，并将试点中形成的课程成果进行了整理、提炼，汇编成“活页”教材。继 2012 年第一批试点专业教材正式出版之后，第二批试点专业教材经过试用、修改完善，将陆续正式出版。希望全国技工院校将一体化课程教学改革作为创新人才培养模式、提高人才培养质量的重要抓手，进一步推动教学改革，促进内涵发展，提升办学质量，为加快培养合格的技能人才做出新的更大贡献！

技工院校一体化课程教学改革

教材编委会

2016年10月

活页式教材使用说明

◆ 页码编排方式

为了更加方便地在教材中增删和替换内容，页码采用“学习任务编号－学习活动编号－页码号”三级编排形式，如“3–2–4”表示“学习任务三”的“学习活动 2”的第 4 页。

◆ 过程评价表使用方法

教材中设计了“自评表”、“互评表”、“教师总评表”、“综合评价表”等评价表格，表头上有“班级”、“姓名”、“学号”等信息栏，从活页教材中取出评价表填写后可以单独提交。

◆ 教材内容更新方法

中国人力资源和社会保障出版集团将根据一体化课程教学改革的推进以及科学技术的发展和不同地域的需要，不断补充和更新教材中的学习任务和学习活动，学校可以从“一体化课程教学改革教学资源网（http：//zyjy.class.com.cn）”下载（需在网站注册）。通过网站还可以了解到更多的一体化课程教学改革信息和下载相关资源。

◆ 便携式活页夹和 PVC 保护板使用方法

对于带活页外夹的教材，使用其内附赠的便携式活页夹，可以灵活方便地将教材中部分内容携带至一体化教学场地。教材内附的整张 PVC 保护板可以作为学习记录垫板使用。

◆ 参考用书选用方法

在学习过程中，学生需要查阅大量参考资料，下表为中国人力资源和社会保障出版集团出版的适宜本专业一体化教学使用的参考书目录。

电子技术应用专业一体化教学参考书目录（中级阶段）

序号	书号	书名
1	978-7-5045-7611-8	电工基础（第三版）
2	978-7-5045-7632-3	模拟电路基础
3	978-7-5045-7624-8	数字电路基础
4	978-7-5045-7680-4	无线电基础（第四版）
5	978-7-5045-7622-4	电子测量与仪器（第四版）
6	978-7-5045-7607-1	机械知识与钳工技能训练
7	978-7-5045-7637-8	机械识图与电气制图（第四版）
8	7-5045-4166-4	电子CAD
9	978-7-5045-7686-6	传感器基础知识
10	978-7-5045-7658-3	电子基本操作技能（第四版）
11	978-7-5045-8518-9	无线电工艺（第二版）
12	978-7-5167-1248-1	维修电工技能训练（第五版）

目　　录

学习任务一　杜比5.1声道家庭影院系统的安装与调试

学习目标

1. 能正确填写工作任务联系单，并能根据任务要求进行相关资料的查阅，描述环绕声系统的种类、组成和功能特点，指出安装杜比5.1声道家庭影院系统所需的器材。

2. 能初步了解基于声学原理的音箱放置图，根据现场情况合理规划好5.1声道音箱、电视、功放的放置位置，并指出配电方案。

3. 能制订工作计划，对整项工作做出合理的时间安排。

4. 能识别音箱、功放、DVD机、网络机顶盒、液晶电视以及支架的种类、性能参数与使用场合。

5. 能选择性价比较高的设备与耗材，并能核算安装整个系统所需的成本。

6. 能制订杜比5.1声道家庭影院系统安装方案，对系统安装的各项工作做出合理安排。

7. 能正确填写领料单并领料，核对清单，检验各元器件和工具的品质及数量。

8. 能使用冲击钻等工具，根据安全规程与工艺要求完成整个壁挂式液晶电视的安装工作。

9. 能根据安装方案将5.1声道音箱、电视、功放放置到适合的位置。

10. 能识别扩音机、音箱接口的中、英标识，能制作所需的连接线，严格遵守安全操作规程进行各设备之间的连接，并能根据方案安装好配电插座。

11. 能自检线路，排查家庭影院影音系统的常见故障。

12. 能使用视、听等简单的方法调整音箱、电视的位置与参数，使音像效果达到最佳，并能对整个音像系统效果做出评价。

13. 能规范填写验收单，并按照现场6S管理规范清点与维护工具，整理工作现场。

14. 能就本次任务中出现的问题提出改进措施，且能与他人合作，展示工作成果，对学习与工作进行总结与反思。

建议学时

84 学时

工作情境描述

小李家想安装一套具有杜比5.1声道环绕立体声的家庭影院系统，要求性价比高，总工程预算不高于7 000元，音响输出总功率不小于200 W，使用49寸LED液晶电视，具有3D与网络播放功能，现委托某专业音响公司用5个工作日完成材料与设备的购置以及整个系统的安装与调试，经验收合格后交付使用。

工作流程与活动

1. 明确工作任务，勘察施工现场（12学时）
2. 安装前的准备（12学时）
3. 现场安装（30学时）
4. 通电调试与交付验收（18学时）
5. 工作总结与评价（12学时）

学习活动 1　明确工作任务，勘察施工现场

学习目标

1. 能明确任务要求，正确填写工作任务联系单。

2. 能查阅相关资料，描述环绕声系统的种类、组成和功能特点，指出安装杜比 5.1 声道家庭影院系统所需的器材。

3. 能根据声学原理的音箱放置图、施工要求与现场情况合理规划好 5.1 声道音箱、电视、功放的放置位置，并指出配电方案。

4. 能制订工作计划，对整项工作做出合理的时间安排。

建议学时　12 学时。

学习过程

一、阅读工作任务联系单，明确任务要求

阅读工作任务联系单（表 1—1—1），说出本次任务的工作内容、时间要求等基本信息，并补充表中的相关内容。

表 1—1—1　　工作任务联系单

施工单位		施工时间	年　月　日至　　年　月　日
施工负责人		施工人员	
施工内容	购置相关器材，安装杜比 5.1 声道家庭影院		
施工方案简述	1. 液晶电视使用壁挂式安装 2. 后环绕声音箱使用壁挂式安装 3. 所有信号线、电源线使用线槽明线安装 4. 安装专用配电插座		

续表

工作要求	严格按照施工安全规范文明施工，实现施工内容的要求与性能要求（含6S管理）		
派工人员		派工时间	
验收意见			
验收人员		验收时间	

1．该项工作的施工地点是：________________。

2．该项工作的开始与完成验收时间是：________________，合计施工总工时：________________。

3．该项工程出包方对施工方案的要求：

4．该项工程验收时的性能要求（参考工作情境描述中的要求）：

5．该项任务交给你和同组人，则你们的角色是________人员（单位）。

6．该项工作完成后应交给________进行验收。验收意见应由________填写。

7．使用工作任务联系单的目的是________________________。

二、查阅相关资料，了解家庭影院系统的组成及特点

1．参考环回立体效果图（图1—1—1），简述常用家庭影院环绕声系统的种类、组成及其功能特点。

图 1—1—1　环回立体效果图

2. 认识杜比 AC－3 环绕声系统（5.1 声道）的主要组成，并简述其各组成设备在系统中的作用。

（1）在图 1—1—2 中标出各设备的名称。

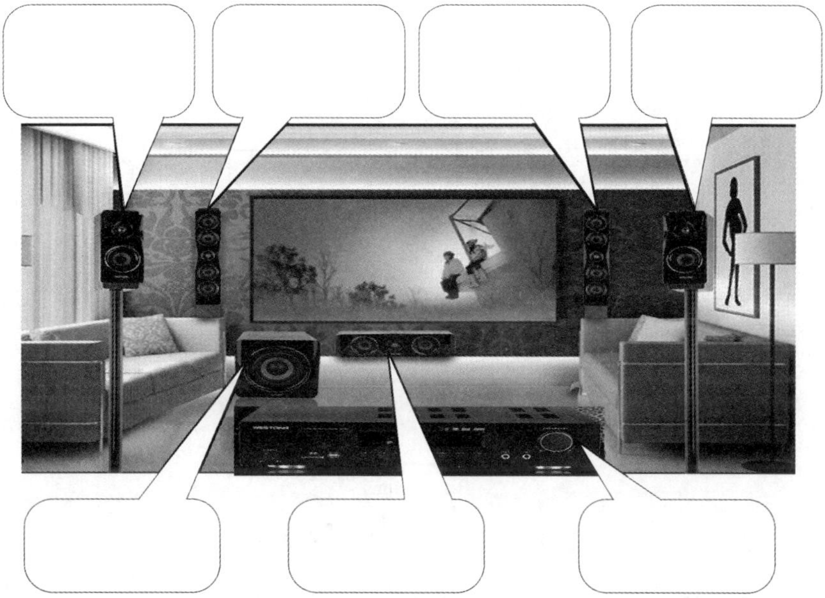

图 1—1—2　AC－3 环绕声系统（5.1 声道）组成图

（2）简述其工作原理（每个设备的作用及信号流程）。

三、勘察施工现场

1. 图1—1—3所示是根据杜比 AC－3 环绕声（DTS）原理而描绘的设备放置图，结合现场实际情况，合理规划5.1声道音箱、电视、功放的放置位置，指出配电方案，并在图1—1—4中标出其平面实际位置。

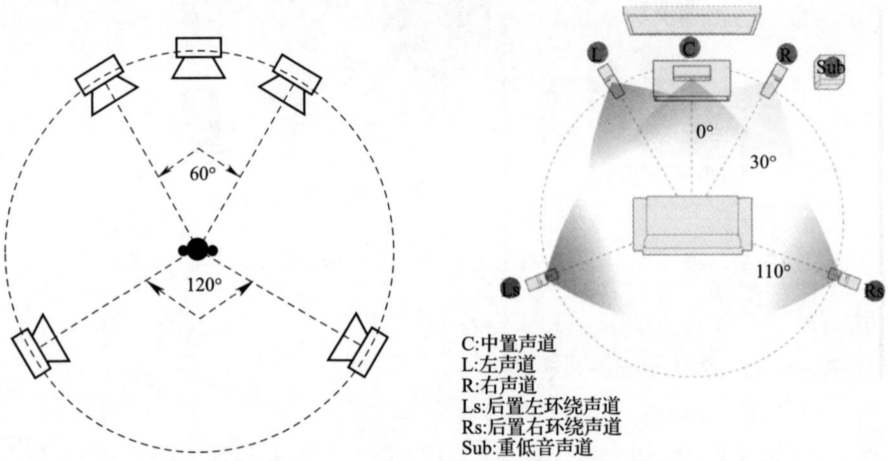

图1—1—3　杜比 AC－3 环绕声（DTS）设备放置图

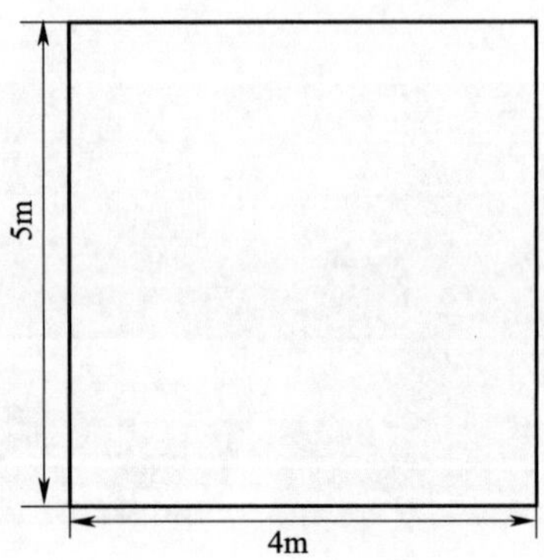

图1—1—4　各设备确定位置图

2. 根据已规划好的5.1声道音箱、电视、功放的放置位置，粗略计算出所需的音箱线、信号线、电源线、线槽长度。

四、制订工作计划

1. 整个工作流程（图 1—1—5）

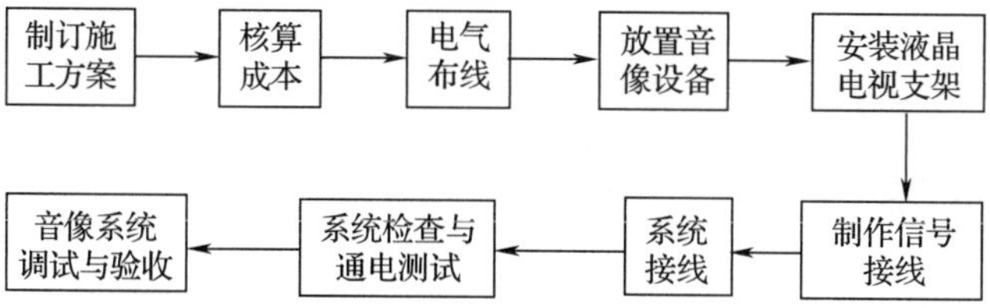

图 1—1—5　工作流程图

2. 填写工作计划表（表 1—1—2）

表 1—1—2　　工作计划表

团队名称		团队编号		任务名称		任务起止日期		
步骤	项目名称	工作内容				预计施工日期	预计工时	备注
1								
2								
3								
4								
5								
6								

教师审核意见：

教师（签名）：__________　　制订计划人（签名）：__________

年　　月　　日

评价与分析

根据每个小组成员在本活动学习过程中的表现情况填写《学习任务过程性考核记录表》（见附表，以下亦同）。

学习活动 2 安装前的准备

学习目标

1. 能识别音箱、功放、DVD 机、网络机顶盒、液晶电视以及支架的种类、性能参数与使用场合。

2. 能选择性价比高的设备与耗材，并能核算安装整个系统所需的成本。

3. 能制订杜比 5.1 声道家庭影院系统安装方案，对系统安装的各项工作做出合理安排。

4. 能正确填写领料单并领料，核对清单，检验各器件和工具的品质及数量，能判断音箱好坏。

建议学时 12 学时。

学习过程

一、选配家庭影院音像设备

1. 5.1 声道音箱套装的选择

(1) 参考扬声器工作原理图（图 1—2—1），复习以往 2.1 声道音箱安装所学的知识，简述扬声器的工作原理及其好坏的判别方法。

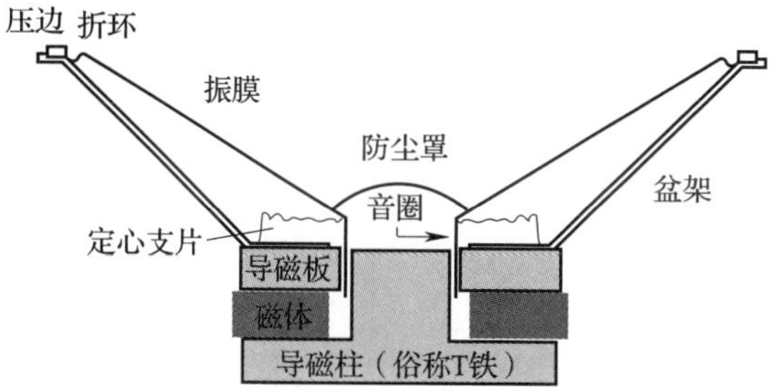

图 1—2—1　扬声器工作原理图

（2）按频率范围分类时，试根据扬声器的种类图，填写其对应的名称和性能特点（表 1—2—1）。

表 1—2—1　扬声器根据频率范围的分类

项目	扬声器种类图	名称	性能特点（频响、尺寸、额定功率、额定阻抗、灵敏度等参数特点）
1			
2			
3	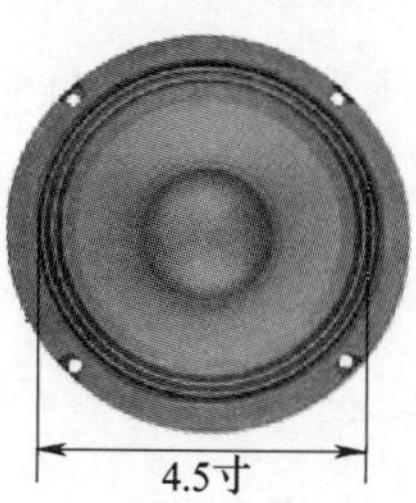		

续表

项目	扬声器种类图	名称	性能特点（频响、尺寸、额定功率、额定阻抗、灵敏度等参数特点）
4			
5			
6			

小提示

扬声器的种类很多，按频率范围可分为低频扬声器、中频扬声器、高频扬声器等，这些常在音箱中作为组合扬声器使用。

①低频扬声器：一般来说，低频扬声器的口径、磁体和音圈直径越大，低频重放性能、瞬态特性就越好，灵敏度也就越高。低频扬声器频响一般要满足 20～600 Hz 低频重放要求。

②中频扬声器：一般来说，中频扬声器只要频率响应曲线平坦，有效频响范围大于它在系统中担负的放声频带的宽度，阻抗与灵敏度和低频单元一致即可。有时中音的功率容量不够，也可选择灵敏度较高而阻抗高于低音单元的中音，从而减少中音单元的实际输入功率。中频扬声器频响一般要满足 600 Hz～8 kHz 中频重放要求。

③高频扬声器：顾名思义是为了回放高频声音的扬声器单元。其结构形式主要有号角式、锥盆式、球顶式和铝带式等几大类。高频扬声器频响一般要满足 8～20 kHz 高频重放要求。

（3）根据音箱的种类图，填写其对应的名称和性能特点（表 1—2—2）。

表 1—2—2　　音箱的分类

项目	音箱种类图	名称	性能特点（频响、尺寸、额定功率、额定阻抗、灵敏度等参数特点）
1			
2			
3			
4			
5	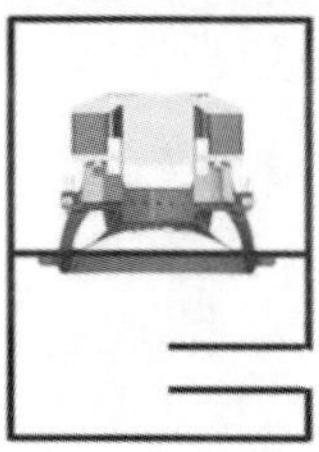		
6			

小提示

音箱按分频方式分为单扬声器音箱、二分频音箱、三分频音箱、四分频音箱、多分频音箱、超低音音箱（低音炮）等；按用途分为落地式音箱、书架式音箱、有源音箱、环绕音箱、监听音箱、影剧院用音箱、舞台用音箱等；按内部结构分为密闭式音箱、倒相式音箱、迷宫式音箱、前置号筒式音箱、空纸盆式音箱、对称驱动式音箱、克尔顿式音箱、哑铃式音箱等。

（4）根据5.1声道音箱图，填写其对应的名称和性能特点（表1—2—3）。

表1—2—3　　5.1声道各音箱性能要求与特点

项目	5.1声道音箱图	名称	性能特点（频响、尺寸、额定功率、额定阻抗、灵敏度等参数特点）
1			
2	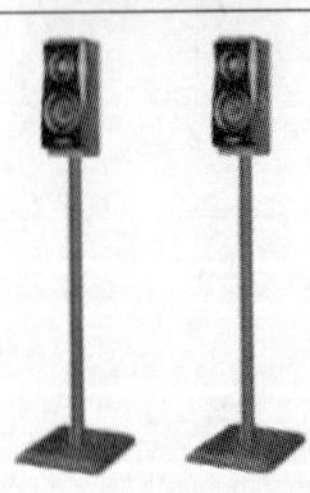		
3			
4			

(5) 参考图 1—2—2 所示某功放的性能参数，简述 5.1 声道功放的性能参数要求，以及如何选择一台性价比符合要求的 5.1 声道功放。

君豪KH-636家庭影院·【产品参数】			
产品参数	AV–1600高清功放		
主声道功率	100W+100W	通道分离度	≥40dB
中置声道功率	100W	输入灵敏度（INPUT）	≥500mV/1kHz
环绕声道功率	100W+100W	话筒灵敏度	≥30mV/1kHz
无源低音声道功率	120W	频率响应	60Hz～18kHz
外形尺寸	485mm×440mm×140mm	高音/低音调节	±14dB（10kHz/100Hz）
谐波失真	≤2%	消耗功率	400W
信噪比	≥85dB	电压	AC220V
毛重量	7kg	频率	50Hz
过载源电动势	≥2V	—	—

图 1—2—2　功放的性能参数

小提示

5.1 声道功放若已有重低音功放时（即 6 声道功放），重低音音箱应选择无源音箱。若 5.1 声道功放只有一个重低音小信号输出时，则要购置有源重低音音箱，且重低音的功放功率必须要足够大才有震撼力。

2. 液晶电视的选择

(1) 查阅相关资料，写出液晶电视主要性能参数的意义与数值范围（表 1—2—4）。

表 1—2—4　　液晶电视主要性能参数

序号	主要性能参数	意义	数值范围
1	大小（对角线的长度）		
2	亮度		
3	对比度		
4	可视角		
5	分辨率（固有像素）		
6	响应时间		
7	刷新率		
8	信号输入的种类与数量		

（2）根据电视机结构的不同，简述以下电视机的主要特点。

1）等离子电视：

2）LCD 背光液晶电视：

3）LED 背光液晶电视：

4）OLED（曲面）电视：

5）LED 点阵显示屏：

（3）现在的液晶电视有哪些新功能？

（4）根据以上知识，应如何选择一台 LED 49 寸 3D 液晶电视？

小提示

现在一般电视机都很容易达到以下参数要求：亮度为 500 lm 以上，对比度为 600∶1 以上，可视角为 176°/178°，清晰度（固有像素）为 1080P。3D 电视机的刷新率达到 120 Hz 以上，响应时间在 5 ms 以下，输入必须要有 2 个 HDMI 高清输入接口，且要有高清 U 盘播放接口。在选择电视机时，性能越高当然越好，但还要考虑价格与客户的实际需求。

3．液晶电视壁挂式支架的选择

（1）指出表 1—2—5 中液晶电视固定支架的种类。

表 1—2—5　　液晶电视固定支架的种类

安装方式	支架种类	安装方式	支架种类

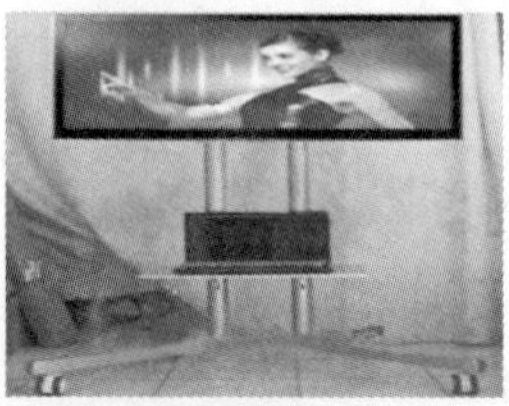			

（2）参考液晶电视安装效果图（图 1—2—3），简述应选择哪种安装支架，选择多大规格的支架。找出一副合适的安装支架，并指出其主要参数。

图 1—2—3　液晶电视安装效果图

4. 蓝光 DVD 播放器的选择

查阅资料，思考实际使用时对蓝光 DVD 播放器的主要参数有哪些要求，并将 DVD 播放器主要参数表补充完整（表 1—2—6）。

表 1—2—6　　DVD 播放器主要参数

项目	音频输出	视频输出	高清 U 口	DTS 与 AC-3	3D
有或无					

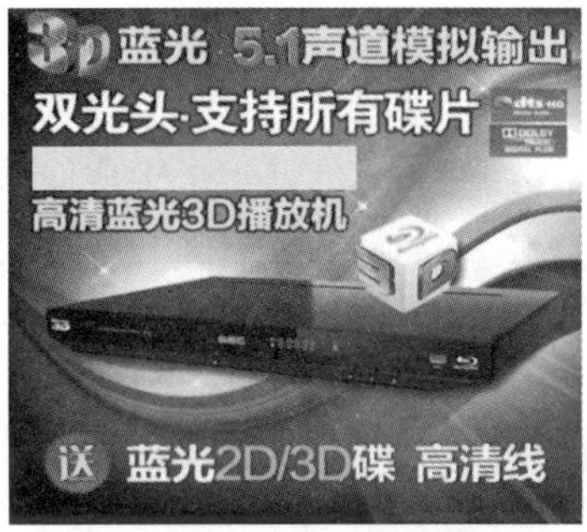

5. 网络机顶盒的选择

查阅资料，根据相关性能指标选择性价比好且具有 5.1 声道输出和多种解码功能的网络机顶盒。

（1）是否有一台既带网络功能又有 5.1 声道输出的 LED 49 寸 3D 液晶电视？价格如何？还是另购一台既有网络功能又有 5.1 声道输出的机顶盒？比较两种方案，分析哪种性价比较好。

（2）参考图 1—2—4 所示某型号的网络播放器参数介绍，学习选择网络播放器的要点，并将网络播放器主要参数表补充完整（表 1—2—7）。

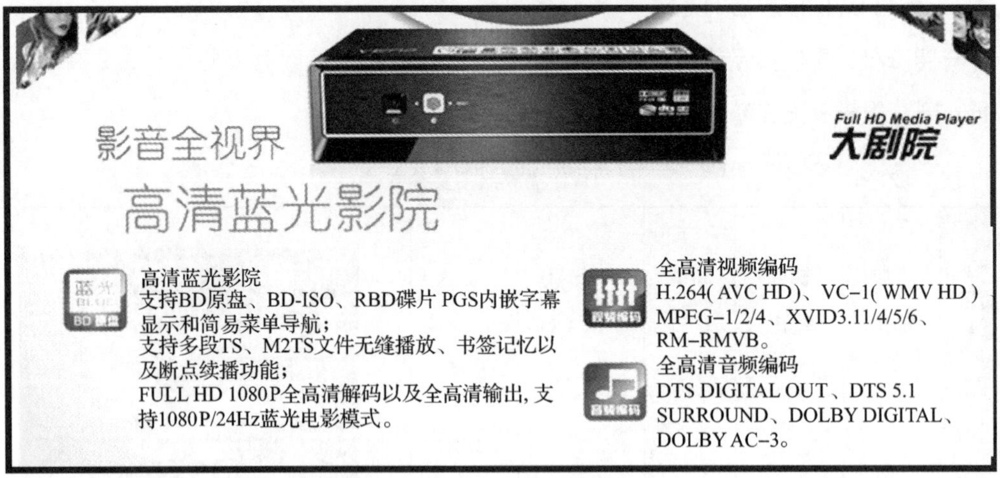

图 1—2—4　网络播放器参数介绍

表 1—2—7　网络播放器主要参数

项目	音频输出	视频输出	网络输入	高清 U 口	硬盘播放	3D	DTS 与 AC－3
要点（数量与有无）							

6. 配电方案的确定

复习以往所学的电气布线知识，对整个系统进行配电时，应如何确定使用的配电电线的线径、总长度以及其他配电副件？试简明写出来。

二、制订系统安装施工方案

根据任务要求，分小组讨论，制订各小组最佳施工方案，并进行人员分工（表 1—2—8）。

表 1—2—8　　　　家庭影院系统安装施工方案

<table>
<tr><td>任务名称</td><td colspan="2"></td><td>工作任务日期(起—止)</td><td></td><td>方案制订日期</td><td colspan="2"></td></tr>
<tr><td>序号</td><td>实施步骤</td><td colspan="3">施工内容与方法</td><td>所需资料、材料及工具</td><td>负责人</td><td>参与人员</td></tr>
<tr><td>1</td><td></td><td colspan="3"></td><td></td><td></td><td></td></tr>
<tr><td>2</td><td></td><td colspan="3"></td><td></td><td></td><td></td></tr>
<tr><td>3</td><td></td><td colspan="3"></td><td></td><td></td><td></td></tr>
<tr><td>4</td><td></td><td colspan="3"></td><td></td><td></td><td></td></tr>
<tr><td>5</td><td></td><td colspan="3"></td><td></td><td></td><td></td></tr>
<tr><td>6</td><td></td><td colspan="3"></td><td></td><td></td><td></td></tr>
<tr><td>7</td><td></td><td colspan="3"></td><td></td><td></td><td></td></tr>
</table>

教师审核意见：

教师（签名）：__________　　决策人（签名）：__________

年　月　日

三、成本核算

根据以上所学的知识与工程要求，总结整个工程所用的音像器材与安装时所用的耗材，到网上或实体商店了解价格，初步核算出整个工程的成本（表 1—2—9）。

表 1—2—9 工程成本核算

序号	器材与耗材	名称	单价（中档次）	数量	合计价格	备注：型号、作用、性能、采购注意点与采购点（网址）
1						
2	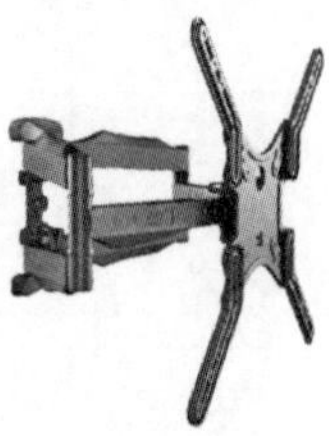					
3	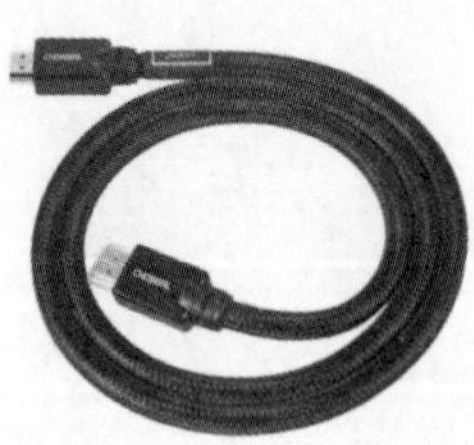					
4						

续表

序号	器材与耗材	名称	单价（中档次）	数量	合计价格	备注：型号、作用、性能、采购注意点与采购点（网址）
5						
6	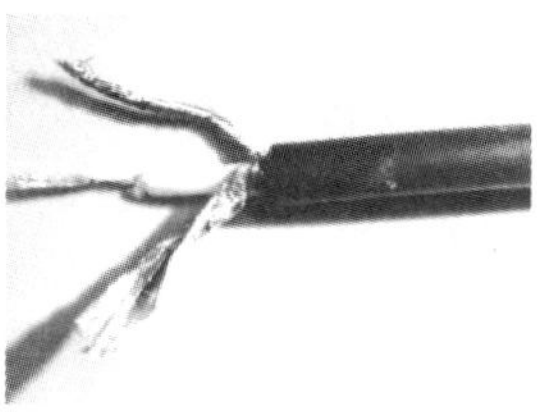					
7	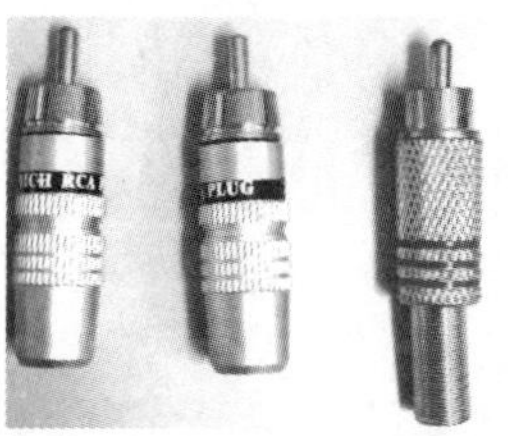					
8						
9						

续表

序号	器材与耗材	名称	单价（中档次）	数量	合计价格	备注：型号、作用、性能、采购注意点与采购点（网址）
10						
11						
12						
13						
14	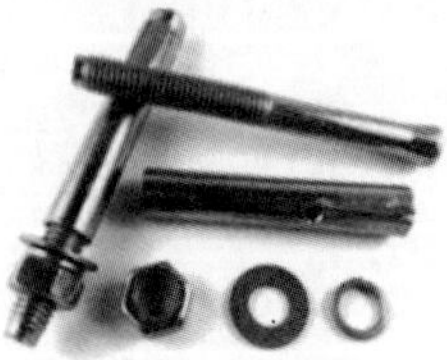					
15	（其他）					
合计（大写）：				合计（小写）：		

四、填写领料单并领料，核对清单，检验各器件和工具的品质及数量（表1—2—10）

表 1—2—10　　　　领料单

序号	材料与工具名称	单位	数量	备注（从外观粗略判断其质量）

小提示

音箱初步品质检查（好坏判别）：参考图 1—2—5 所示音箱测量方法，从以下几个方面判断其好坏。

1. 阻值大小。
2. 测量时扬声器有无反应。
3. 扬声器振膜有无破损。
4. 按下振膜感觉音圈是否碰壁。

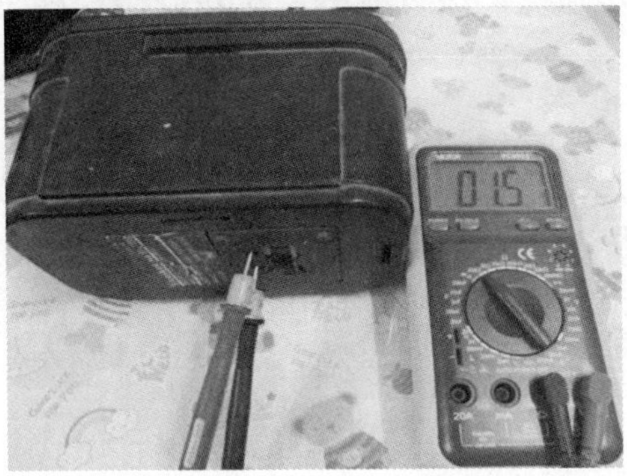

图 1—2—5 音箱测量方法

评价与分析

根据每个小组成员在本活动学习过程中的表现情况填写《学习任务过程性考核记录表》。

学习活动 3　现 场 安 装

学习目标

1. 能使用冲击钻等工具，根据安装说明书、安装步骤、安全规程与工艺要求完成信号线与配电线的布线，并安装好电源插座。

2. 能根据施工方案将 5.1 声道音箱、电视、功放等放置到合适的位置。

3. 能根据任务要求，合理选择连接器件，制作所需的连接线。

4. 能识别扩音机和音箱接口的中、英文标识，并能严格遵守安装安全操作规程进行各器件之间的连接。

建议学时　30 学时。

学习过程

一、音箱信号线、配电线的布线

严格遵守安装安全操作规程，按施工方案要求完成音箱信号线与配电线的布线。

1. 布线工作流程图（图 1—3—1）

2. 5.1 声道影音设备放置立体图（图 1—3—2）

3. 布线具体操作与工艺要求（表 1—3—1）

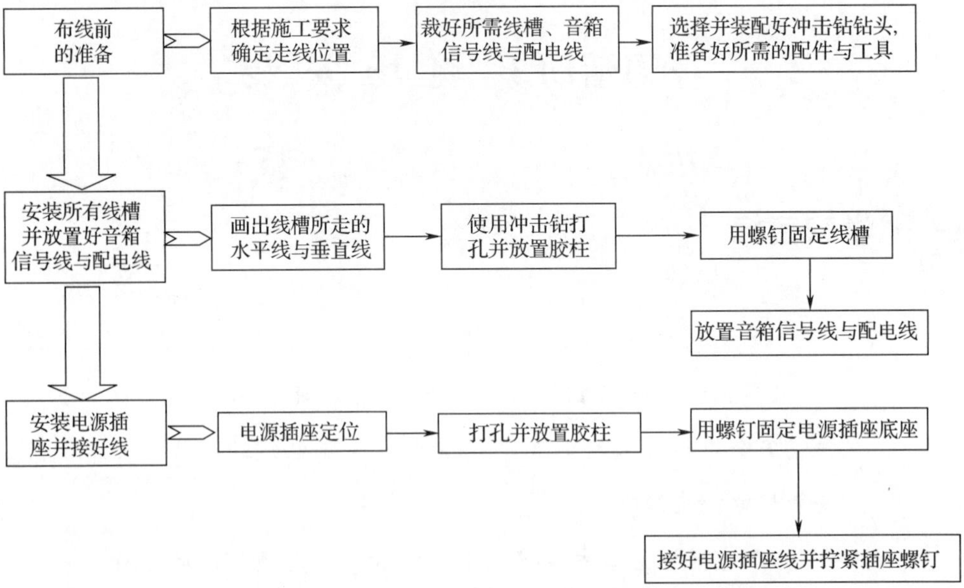

图 1—3—1　布线工作流程图

图 1—3—2　5.1 声道影音设备放置立体图

表 1—3—1　　　　布线具体操作与工艺要求

<table>
<tr><th>序号</th><th>操作步骤</th><th>操作示意图</th><th>操作要点</th><th>注意事项</th></tr>
<tr><td rowspan="2">1</td><td rowspan="2">布线前的准备</td><td>①根据施工要求确定走线位置
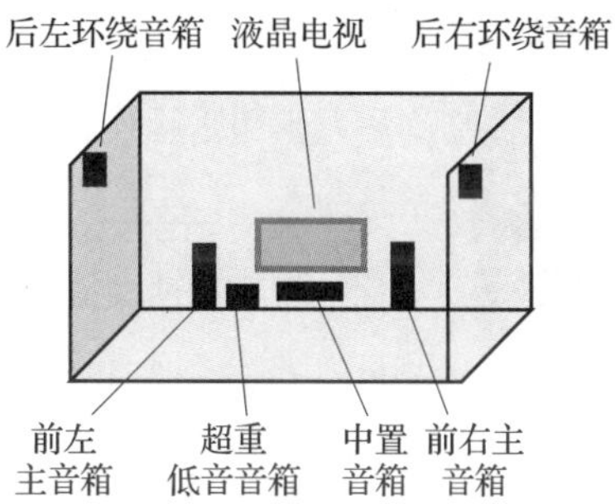
</td><td>（1）音箱的走线要求：________
（2）电视机放置（高度、水平位置）：________
（3）电源插座数量与位置：________</td><td rowspan="2">（1）所有走线要水平或垂直
（2）长的音箱信号线（配电线）要多留 1.5 m 长度，短的多留 1 m 长度
（3）线槽总长度要比测量总长度多 20%
（4）所用钻头、胶柱与螺钉要配套使用</td></tr>
<tr><td>②裁好所需线槽、音箱信号线与配电线
</td><td>（1）各音箱信号线长度分别为________
（2）线槽总长度与规格为________
（3）配电线的规格与总长度为________</td></tr>
</table>

续表

序号	操作步骤	操作示意图	操作要点	注意事项
1	布线前的准备	③选择并装配好冲击钻钻头，准备好所需的配件与工具 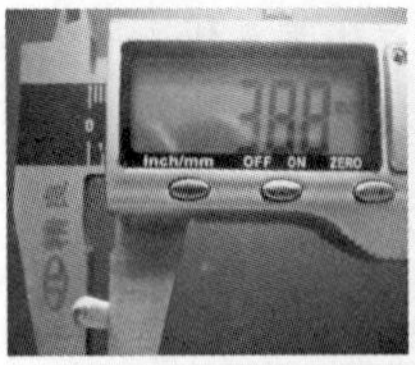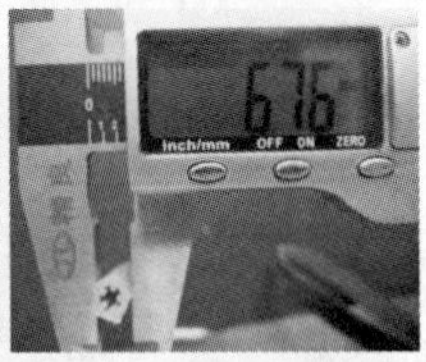 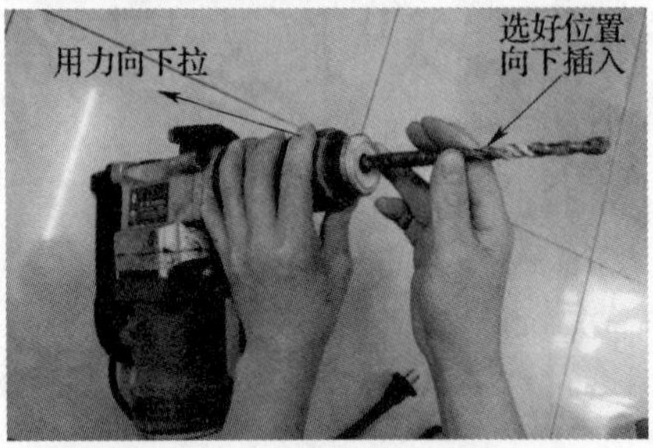 	（1）钻头使用规格为__________，要钻入的深度为________ （2）使用胶柱的规格为__________ （3）使用螺钉的规格为__________	
2	安装所有线槽并放置好音箱信号线与配电线	①画出线槽所走的水平线与垂直线 	画水平线的方法：______________________	气泡一定要在刻度中间
		②使用冲击钻打孔并放置胶柱   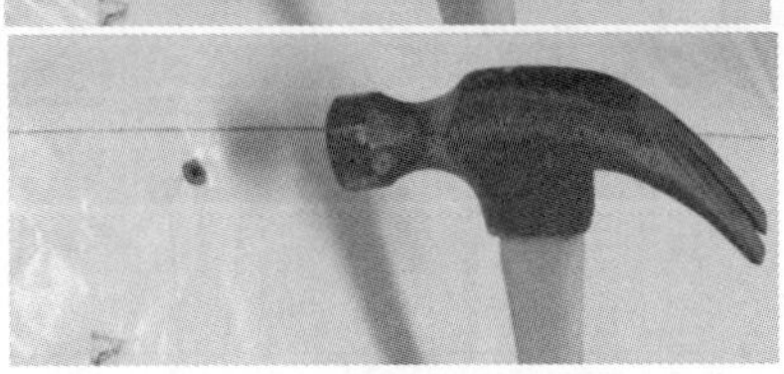	（1）使用冲击钻打孔的操作顺序：______________________________ （2）固定线槽的两个孔孔距在________________范围内	（1）打孔的深度要稍长于胶柱 （2）胶柱若有多出，要用介刀去掉

续表

序号	操作步骤	操作示意图	操作要点	注意事项
2	安装所有线槽并放置好音箱信号线与配电线	③用螺钉固定线槽 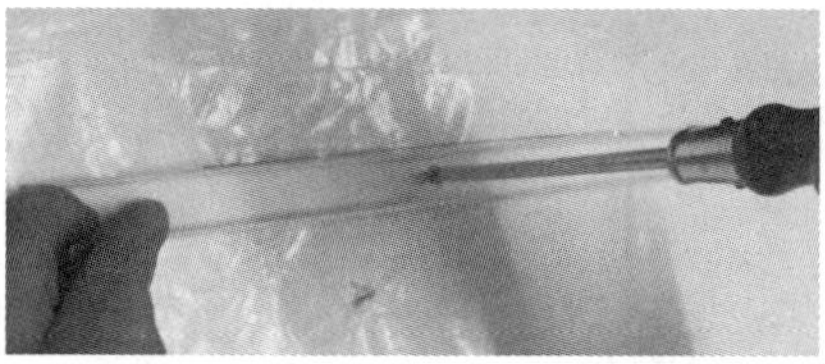	螺钉不要拧得过紧，以防溢扣	螺钉的长度既不能过短，也不能过长，且要小于打孔的深度
		④放置音箱信号线与配电线 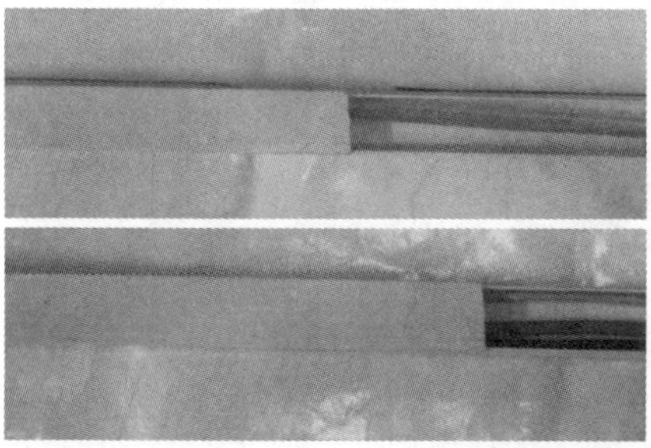	音箱信号线与配电线的末端要留有一定的活动长度用于接线，音箱信号线预留________为宜，配电线预留________为宜	音箱信号线与配电线尽可能平直放置
3	安装电源插座并接好线	①电源插座定位 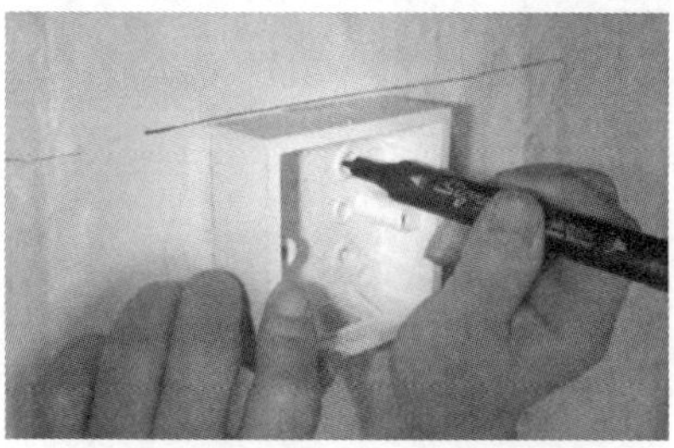	先画一条水平线，确定插座是______________放置后才定位	(1) 安装完成后要再一次检查插座是否水平及是否有松动 (2) 接好的插座必须确保“左零右火中地”
		②打孔并放置胶柱 	打孔时应先________后________，深度要长于胶柱	

续表

序号	操作步骤	操作示意图	操作要点	注意事项
3	安装电源插座并接好线	③用螺钉固定电源插座底座 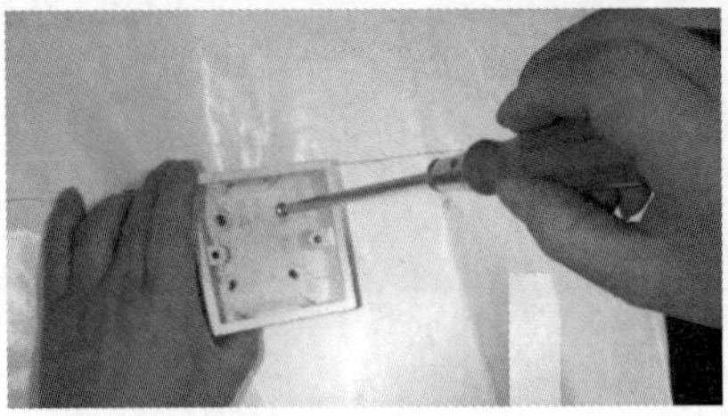	边拧螺钉边调整位置，确保插座底座是水平的	（3）所有的螺钉都必须拧紧（有可能出现打滑为止）
		④接好电源插座线并拧紧插座螺钉 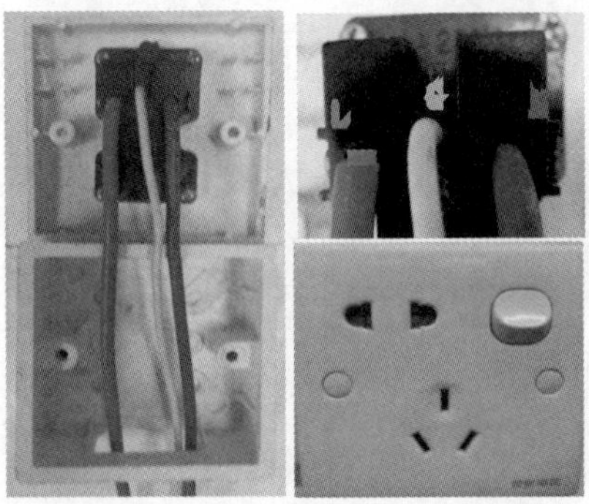	火线（红）接反转插座的________接线端，零线（蓝）接反转插座的________接线端，地线（黄绿线）接反转插座的________接线端	

二、液晶电视支架的安装与液晶电视的固定

根据施工方案要求，安装液晶电视支架，并固定液晶电视。

1. 安装液晶电视支架工作流程图（图 1—3—3）

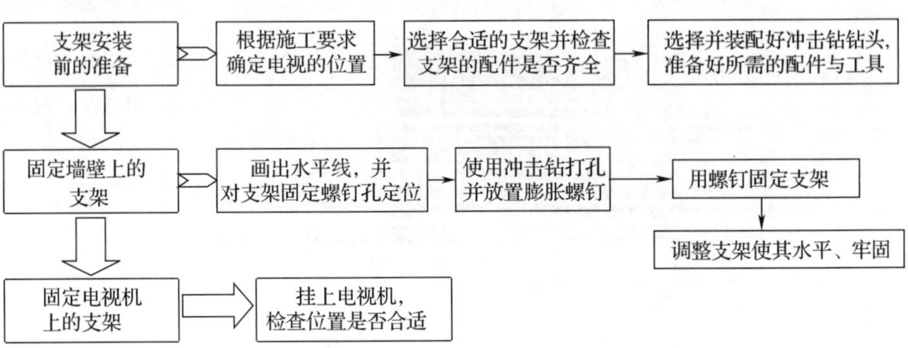

图 1—3—3 安装液晶电视支架工作流程图

2. 安装液晶电视支架具体操作与工艺要求（表 1—3—2）

表 1—3—2　　安装液晶电视支架具体操作与工艺要求

序号	操作步骤	操作示意图	操作要点	注意事项
1	支架安装前的准备	①根据施工要求确定电视的位置 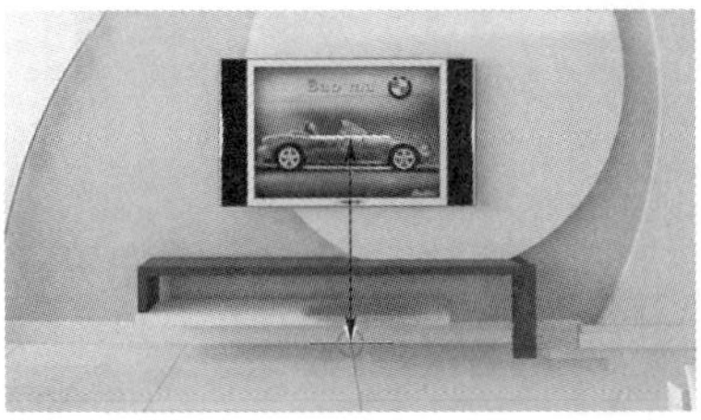	液晶屏的中心位置与地面的高度为________	
		②选择合适的支架并检查支架的配件是否齐全 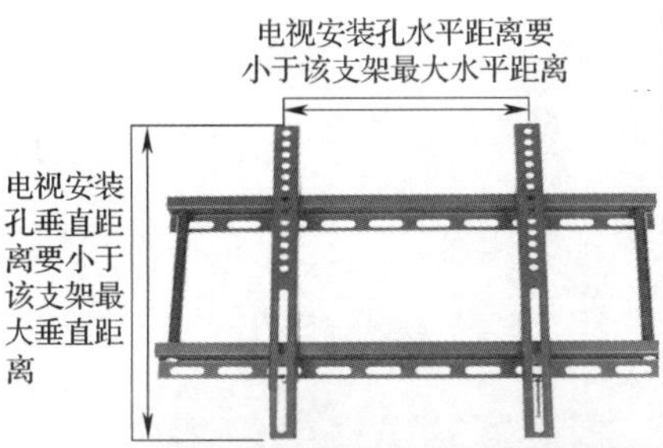 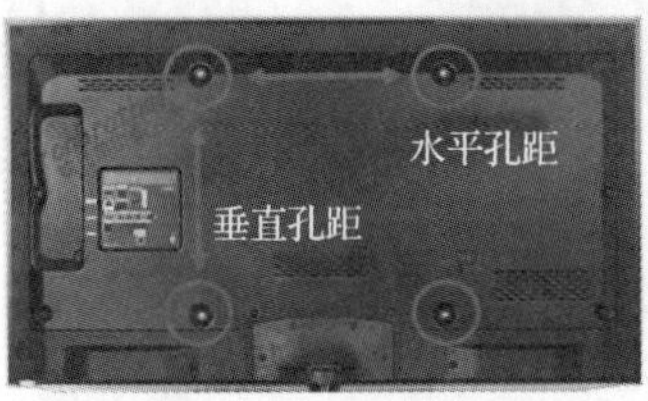	液晶电视背后支架的纵横安装距离分别为________，支架最大的纵横安装距离分别为________	（1）一定要根据施工图与客户的实际需要确定安装位置 （2）液晶电视背后支架的纵横安装距离必须小于支架最大的纵横安装距离 （3）支架使用的膨胀螺钉是选择钻头规格的依据
		③选择并装配好冲击钻钻头，准备好所需的配件与工具  	选用的冲击钻钻头规格为______，所需的工具有________________________	

续表

<table>
<tr><th>序号</th><th>操作步骤</th><th>操作示意图</th><th>操作要点</th><th>注意事项</th></tr>
<tr><td rowspan="4">2</td><td rowspan="4">固定墙壁上的支架</td><td>①画出水平线，并对支架固定螺钉孔定位
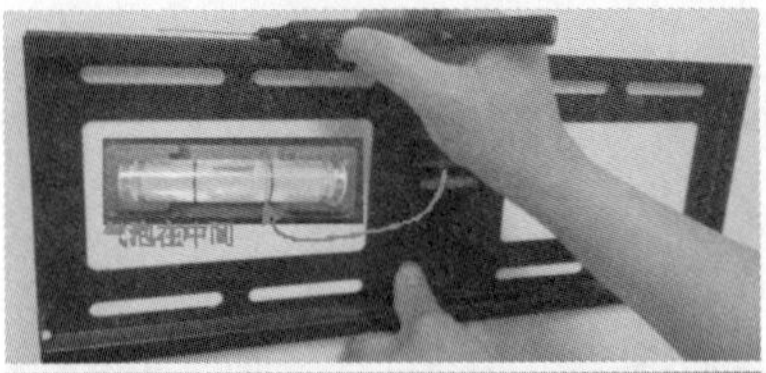

</td><td>画出水平线的作用是________，支架放在水平线________下面</td><td rowspan="4">（1）支架上下横条必须与液晶屏的中心位置对称
（2）要在支架的四个角各安装一个膨胀螺钉
（3）用螺钉固定支架时要对各螺钉分步拧紧，不能一次性拧紧，并且边拧边调整位置，确保支架水平</td></tr>
<tr><td>②使用冲击钻打孔并放置膨胀螺钉
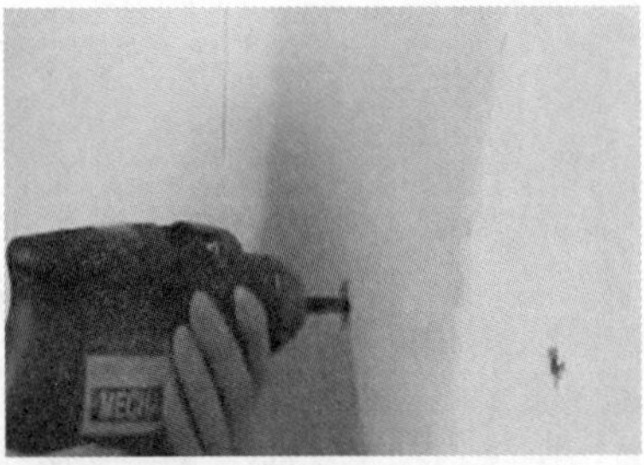</td><td>冲击钻打入墙壁的深度为________</td></tr>
<tr><td>③用螺钉固定支架
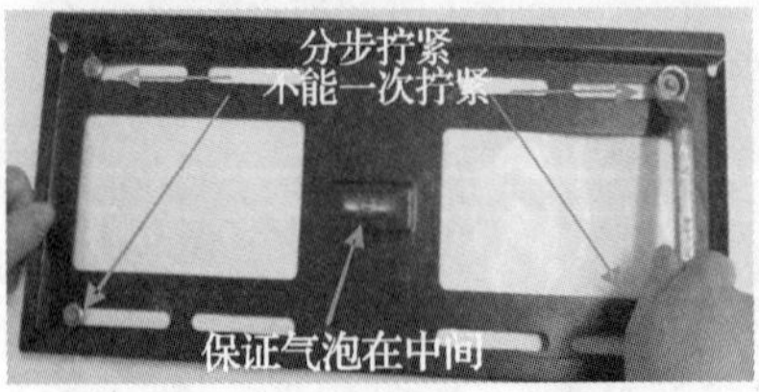
</td><td>各螺钉不能一次性拧紧</td></tr>
<tr><td>④调整支架使其水平、牢固

</td><td>用________检查支架是否水平，检查支架是否牢固的方法为__________
____
__________</td></tr>
</table>

续表

序号	操作步骤	操作示意图	操作要点	注意事项
3	固定电视机上的支架	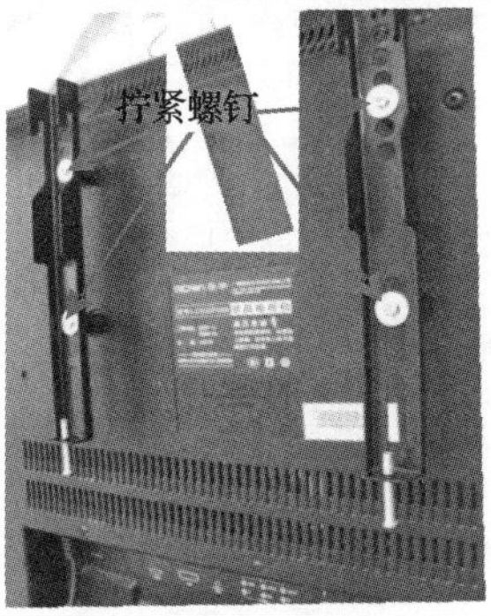	液晶电视背后支架的纵横安装距离分别为________，墙壁支架最大的纵横安装距离分别为________	再一次检查液晶电视背后支架的纵横安装距离是否小于墙壁支架最大的纵横安装距离，若大于其距离，电视机将不能挂在墙壁的支架上
4	挂上电视机，检查位置是否合适	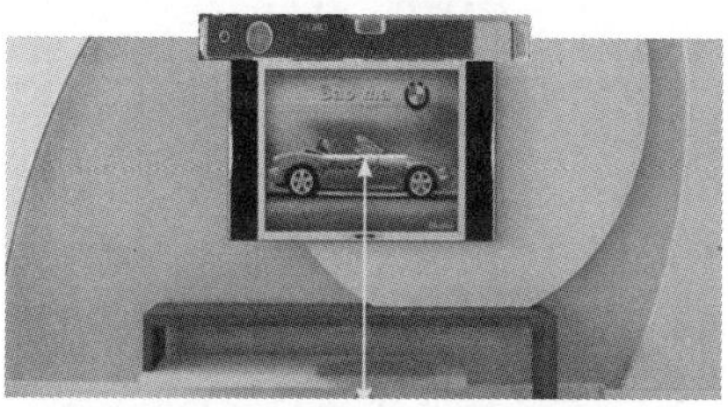	用________检查电视机是否水平，测量液晶屏中心与地面的距离为________，是否符合要求：________	挂上电视机后要再一次检查液晶电视的位置是否水平、牢固

三、放置音像设备

根据施工方案初步放置好功放、DVD 机、网络播放器、音箱等设备，并记录其位置(X，Y，Z)，如图 1—3—4 所示。

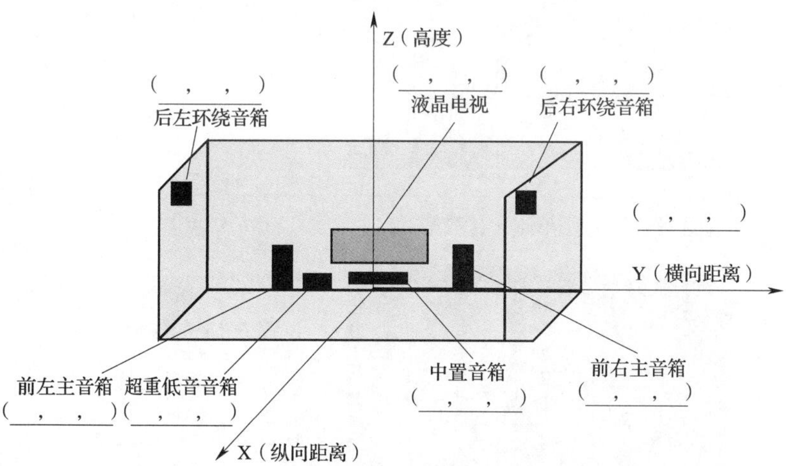

图 1—3—4　5.1 影音系统设备初步放置位置

四、AV信号线制作

1. AV信号线制作流程图（图1—3—5）

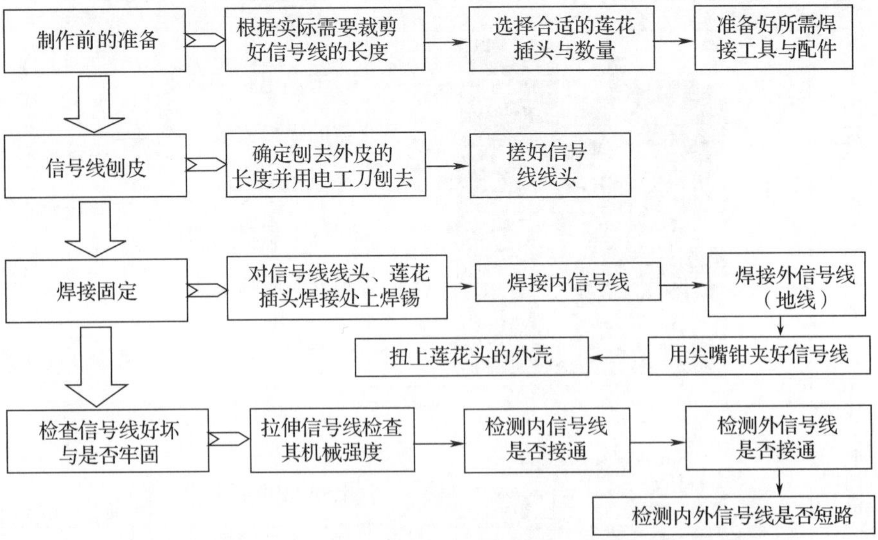

图1—3—5　AV信号线制作流程图

2. AV信号线制作具体操作与工艺要求（表1—3—3）

表1—3—3　AV信号线制作具体操作与工艺要求

<table>
<tr><th>序号</th><th>操作步骤</th><th>操作示意图</th><th>操作要点</th><th>注意事项</th></tr>
<tr><td rowspan="2">1</td><td rowspan="2">制作前的准备</td><td>①根据实际需要裁剪好信号线的长度
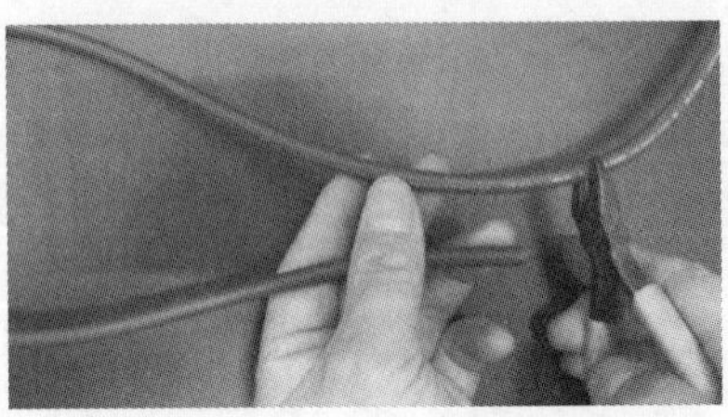</td><td>5.1音频信号线长度：________，电视机音频信号线长度：________，AV视频信号线长度：________</td><td rowspan="2">音频、视频信号线长度必须比实际长度多留30 ~ 40 cm</td></tr>
<tr><td>②选择合适的莲花插头与数量
</td><td>红色莲花插头数量：________，白色莲花插头数量：________，黄色莲花插头数量：________</td></tr>
</table>

续表

序号	操作步骤	操作示意图	操作要点	注意事项
1	制作前的准备	③准备好所需焊接工具与配件 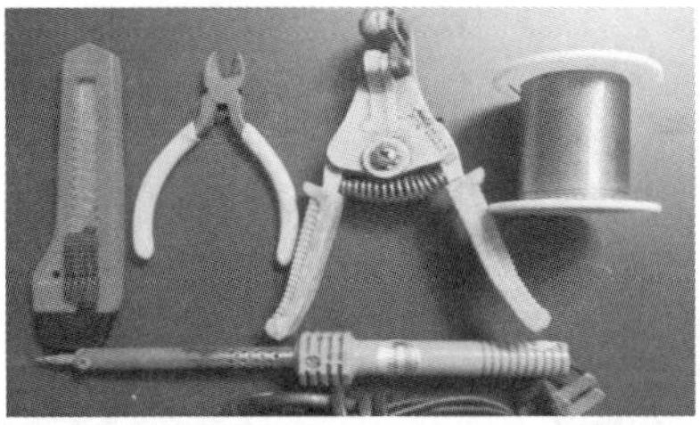	所需焊接工具与配件：________	
2	信号线刨皮	①确定刨去外皮的长度并用电工刀刨去 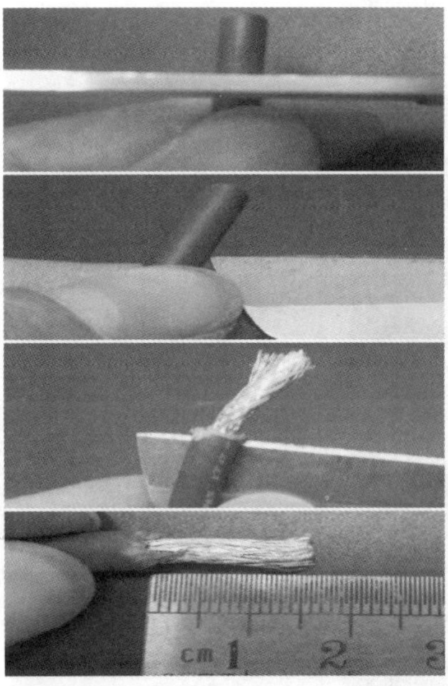	刨去外皮的长度为________	使用电工刀时要注意安全，用力要适当，确保不要切断内部的金属线，并要留有合适的焊接长度
		②搓好信号线线头 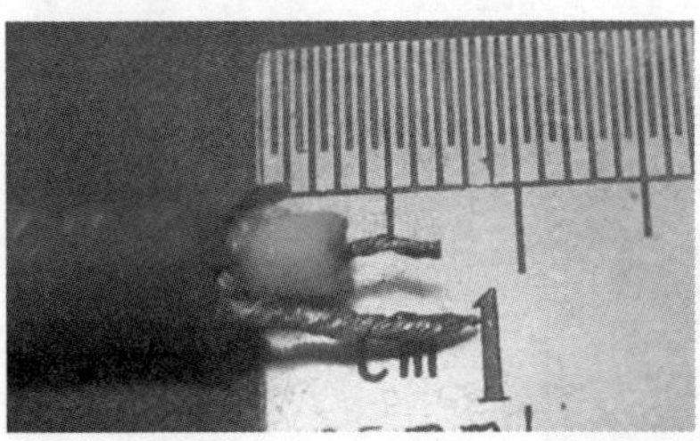	检查是否有毛刺：________ 检查是否有短路：________	

续表

<table>
<tr><th>序号</th><th>操作步骤</th><th>操作示意图</th><th>操作要点</th><th>注意事项</th></tr>
<tr><td rowspan="3">3</td><td rowspan="3">焊接固定</td><td>①对信号线线头、莲花插头焊接处上焊锡
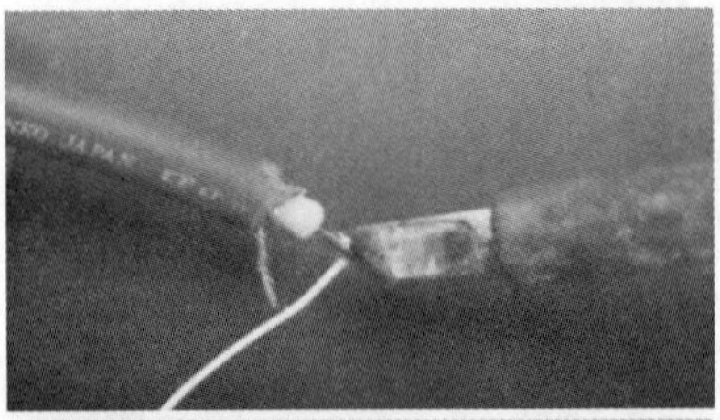
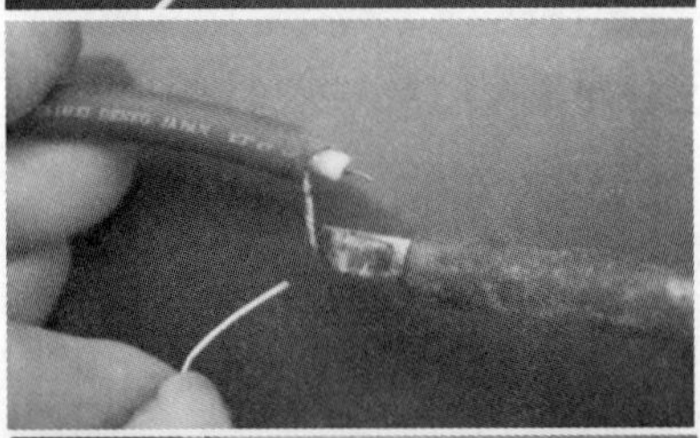
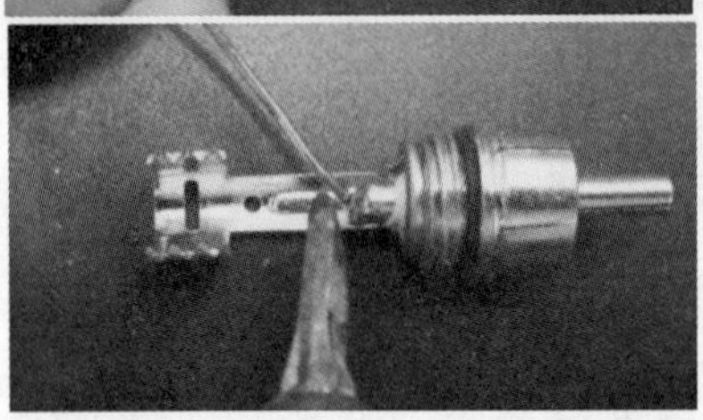</td><td>上锡的次序：____________
上锡时间要小于________s</td><td rowspan="3">(1) 线头上锡要均匀，不能产生毛刺。莲花插头焊接接口上锡量不能过多且要浸润
(2) 焊接时间要尽可能短</td></tr>
<tr><td>②焊接内信号线
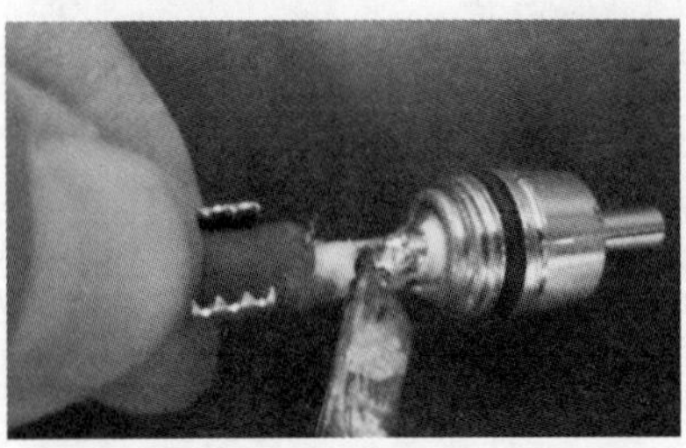</td><td>焊接端先裁至合适的长度：____________</td></tr>
<tr><td>③焊接外信号线（地线）
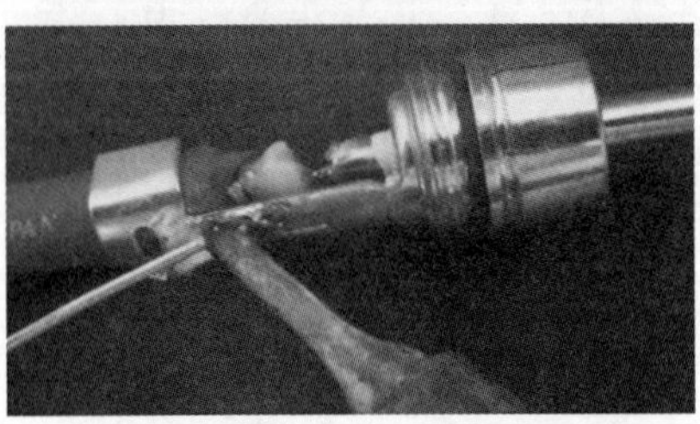</td><td>穿孔焊接，剪去多余的线头，焊点要________</td></tr>
</table>

续表

<table>
<tr><th>序号</th><th>操作步骤</th><th>操作示意图</th><th>操作要点</th><th>注意事项</th></tr>
<tr><td rowspan="2">3</td><td rowspan="2">焊接固定</td><td>④用尖嘴钳夹好信号线
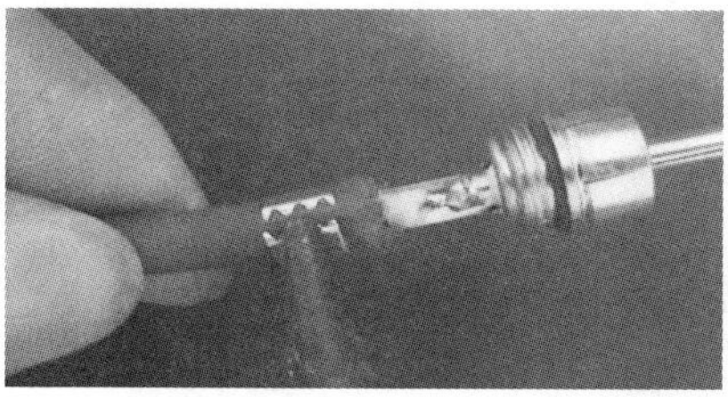</td><td>必须夹住信号线最外层的塑料</td><td rowspan="2">（3）焊好后不能有多出的裸露金属线与毛刺</td></tr>
<tr><td>⑤扭上莲花头的外壳
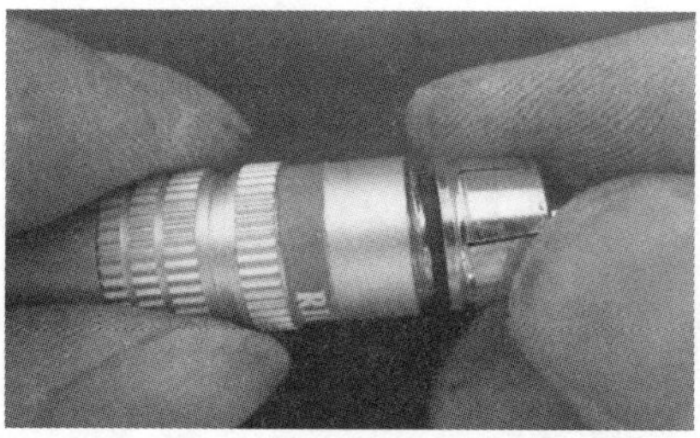</td><td>检查没有＿＿＿＿＿＿后再扭上外壳，并检查扭动时是否顺畅，扭动较困难时要检查原因</td></tr>
<tr><td rowspan="2">4</td><td rowspan="2">检查信号线好坏与是否牢固</td><td>①拉伸信号线检查其机械强度

</td><td>用力要适当</td><td rowspan="2">制作好的信号线必须要先检查其好坏与机械强度才能使用</td></tr>
<tr><td>②检测内信号线是否接通
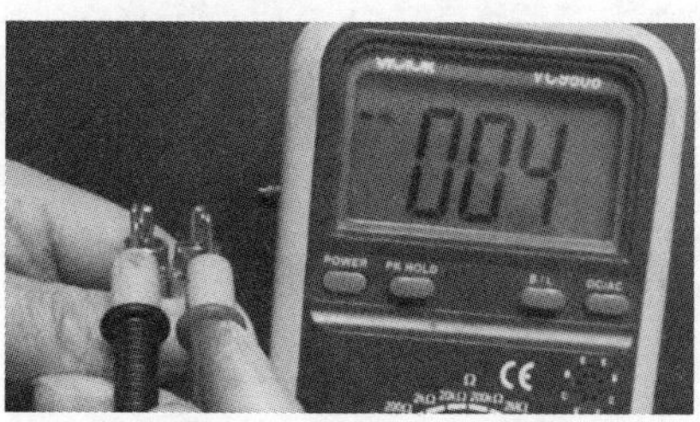</td><td>正常阻值：＿＿＿＿</td></tr>
</table>

续表

序号	操作步骤	操作示意图	操作要点	注意事项
4	检查信号线好坏与是否牢固	③检测外信号线是否接通 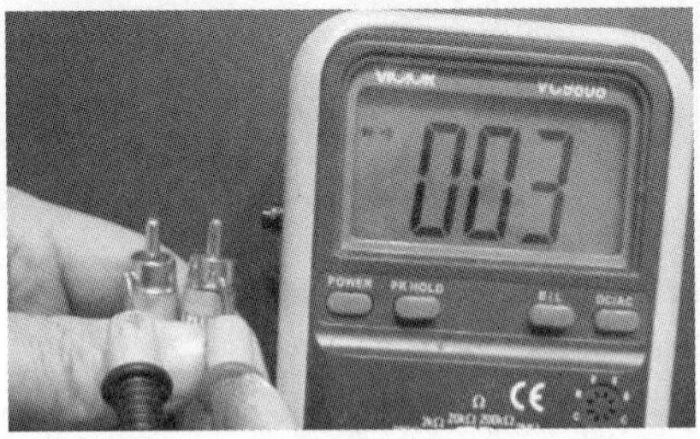	正常阻值：____	
		④检测内外信号线是否短路 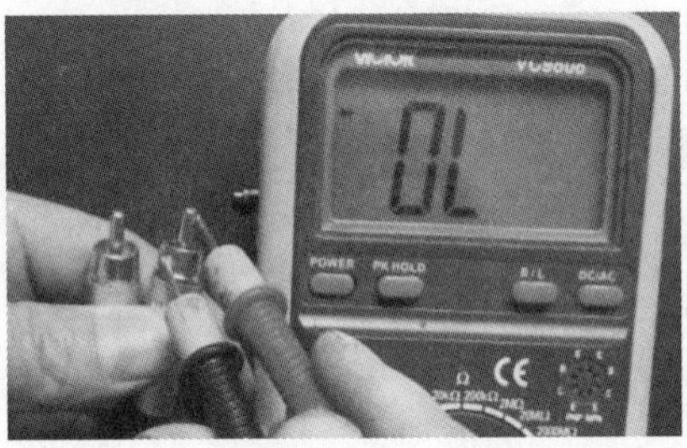	正常阻值：____	

五、家庭影院系统的接线

严格遵守安装安全操作规程进行各音像设备信号之间的连接。

1．识别扩音机、音箱接口的中、英文标识（表 1—3—4）

表 1—3—4　　扩音机、音箱接口的中、英文标识

项目	各设备输入、输出端子图	中、英文标识	含义
DVD、网络播放器各输入与输出接口		AUDIO	
		DTS/AC－3	
		TV/DVD	
		F. L、F. R	
		S. L、S. R	
		CEN	
		SW	
		R	
		L	

续表

<table>
<tr><th>项目</th><th>各设备输入、输出端子图</th><th>中、英文标识</th><th>含义</th></tr>
<tr><td rowspan="10">DVD、网络播放器各输入与输出接口</td><td rowspan="6">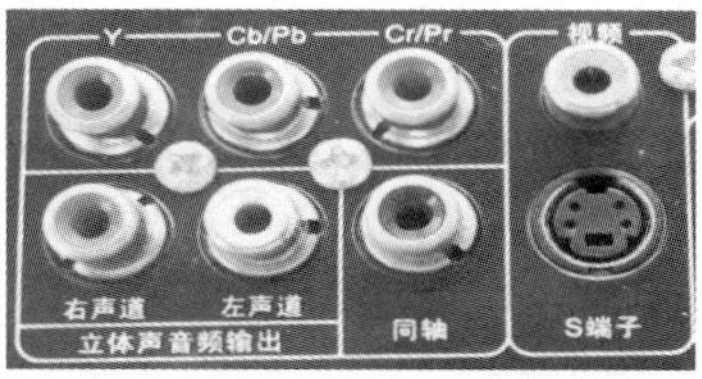
</td><td>Y</td><td></td></tr>
<tr><td>Cb/Pb</td><td></td></tr>
<tr><td>Cr/Pr</td><td></td></tr>
<tr><td>S 端子</td><td></td></tr>
<tr><td>视频</td><td></td></tr>
<tr><td>同轴</td><td></td></tr>
<tr><td rowspan="4">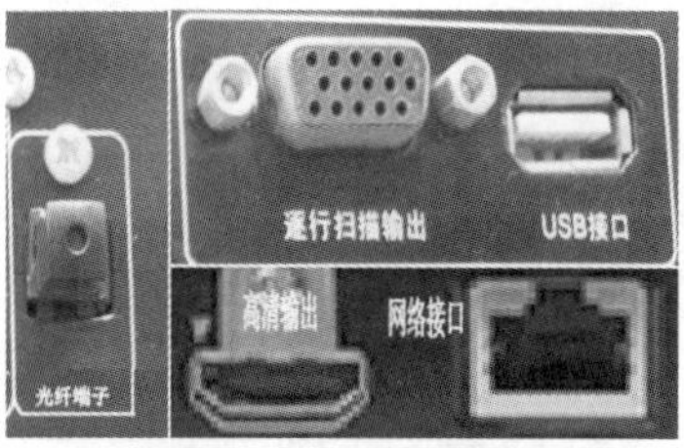
</td><td>逐行扫描输出</td><td></td></tr>
<tr><td>光纤端子</td><td></td></tr>
<tr><td>高清输出</td><td></td></tr>
<tr><td>网络接口</td><td></td></tr>
<tr><td rowspan="7">5.1 声道功放各输入与输出接口</td><td rowspan="6">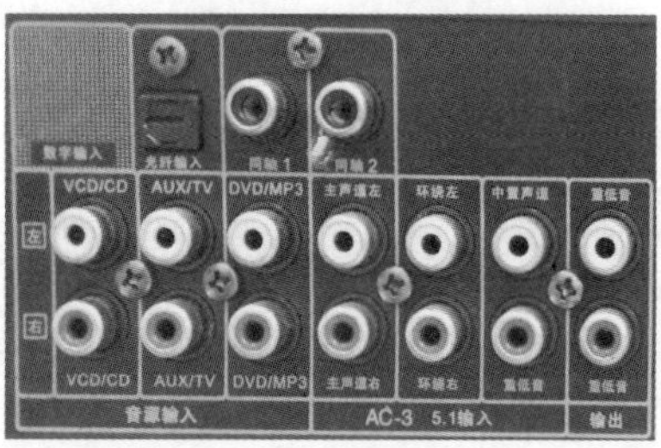
</td><td>VCD/CD</td><td></td></tr>
<tr><td>AUX/TV</td><td></td></tr>
<tr><td>DVD/MP3</td><td></td></tr>
<tr><td>音源输入</td><td></td></tr>
<tr><td>AC－3　5.1 输入</td><td></td></tr>
<tr><td>输出</td><td></td></tr>
<tr><td></td><td colspan="2">输出端子用途
中置声道：

环绕声道：

主声道：

重低音：</td></tr>
</table>

2．各种信号之间的连接与工艺要求

信号接线顺序流程图如图 1—3—6 所示。

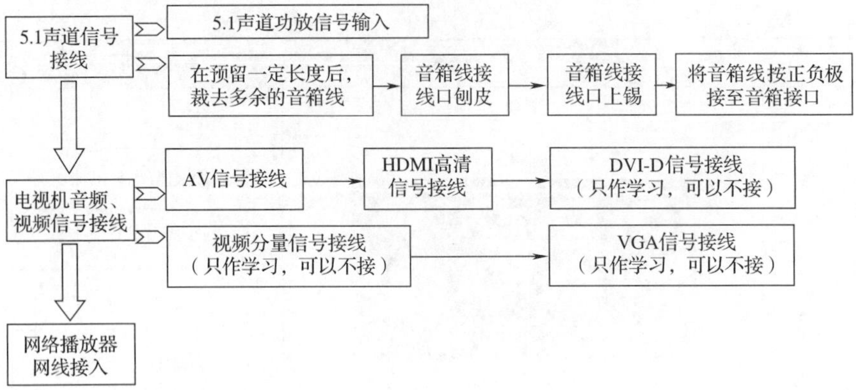

图 1—3—6　信号接线顺序流程图

3. 5.1 声道信号接线

（1）5.1 声道功放信号输入图（图 1—3—7）

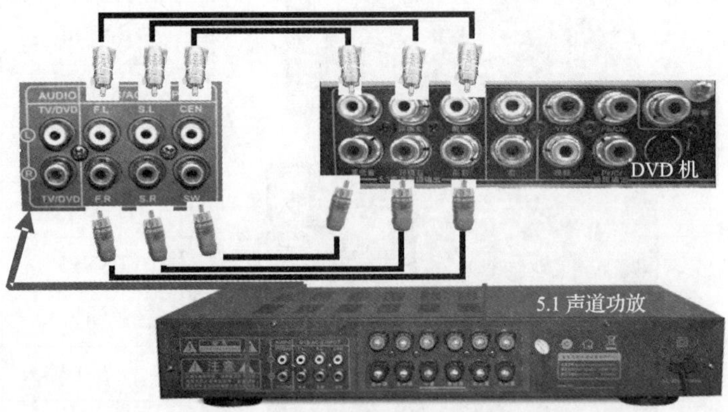

图 1—3—7　5.1 声道功放信号输入图

（2）5.1 声道功放音箱接线图（图 1—3—8）

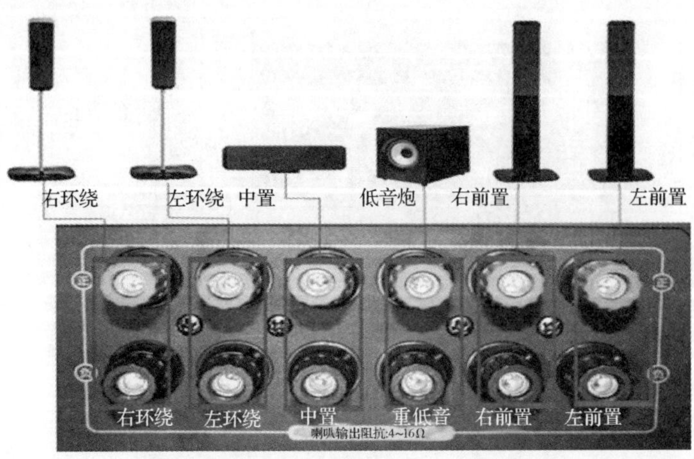

图 1—3—8　5.1 声道功放音箱接线图

(3) 5. 1 声道功放信号接线具体操作与工艺要求（表 1—3—5）

表 1—3—5　　5. 1 声道功放信号接线具体操作与工艺要求

<table>
<tr><th>序号</th><th>操作步骤</th><th>操作示意图</th><th>操作要点</th><th>注意事项</th></tr>
<tr><td>1</td><td>5. 1 声道功放信号输入</td><td></td><td>将莲花头接线完全插入，并检查是否有松动，有则要更换接线</td><td>为了方便查找故障，前主声道为一对线，后环绕为一对线，中置与重低音为一对线</td></tr>
<tr><td rowspan="2">2</td><td rowspan="2">各音箱接线</td><td>①在预留一定长度后，裁去多余的音箱线
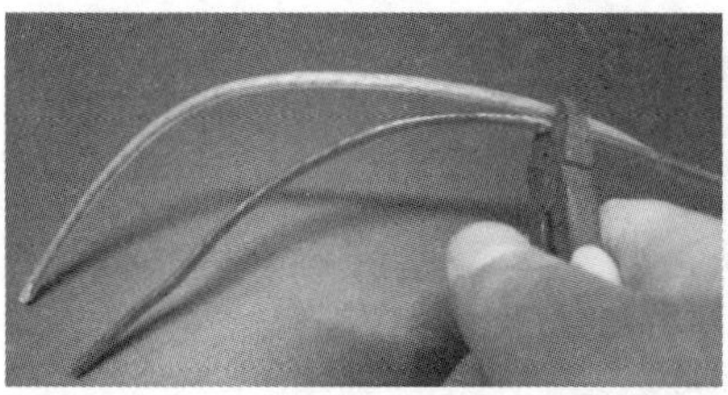</td><td>各音箱线的长度分别是：________
____
________________</td><td rowspan="2">(1) 音箱线与音箱接线柱的连接不能有多余的外露金属线与毛刺
(2) 连接时要分清正负极并要扭紧，不能有松动</td></tr>
<tr><td>②音箱线接线口刨皮
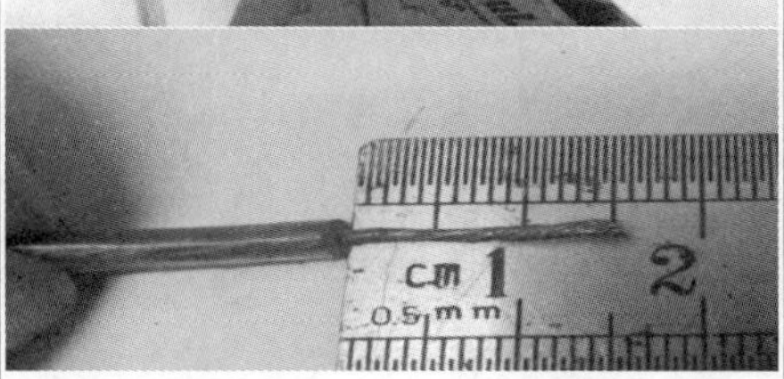</td><td>音箱线接线口处刨皮长度为______
____
________________</td></tr>
</table>

续表

序号	操作步骤	操作示意图	操作要点	注意事项
2	各音箱接线	③音箱线接线口上锡 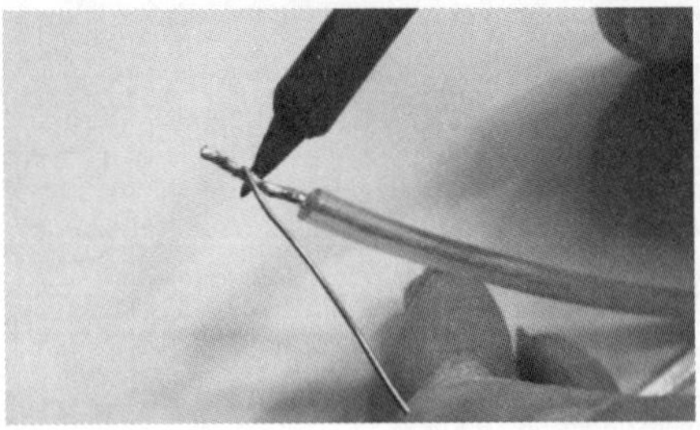	接线口上锡要求：______________________________	
		④将音箱线按正负极接至音箱接口 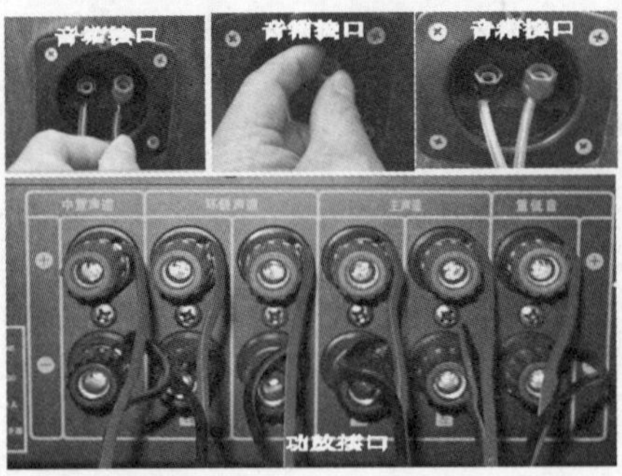 	一般红色线接音箱_______，银色线接音箱_______	

4. 电视机音频、视频信号接线

（1）电视机 AV 信号接线图（图 1—3—9）

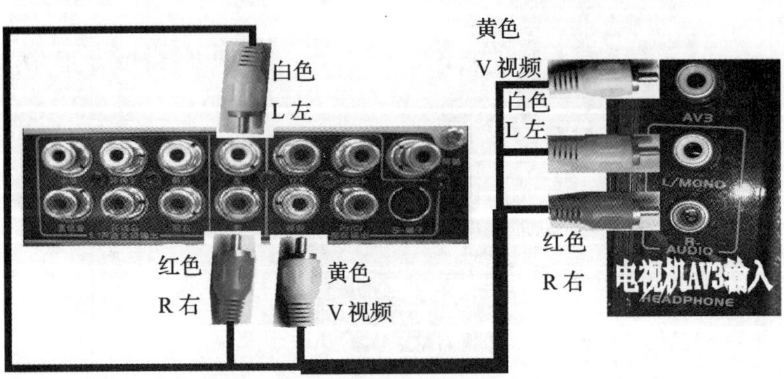

图 1—3—9 电视机 AV 信号接线图

（2）视频分量信号接线图（图 1—3—10）

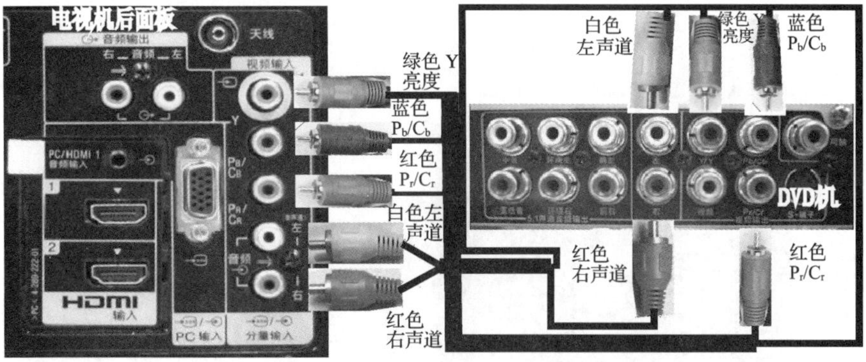

图 1—3—10　视频分量信号接线图

（3）HDMI（DVI－D）高清信号及 VGA 信号接线图（图 1—3—11）

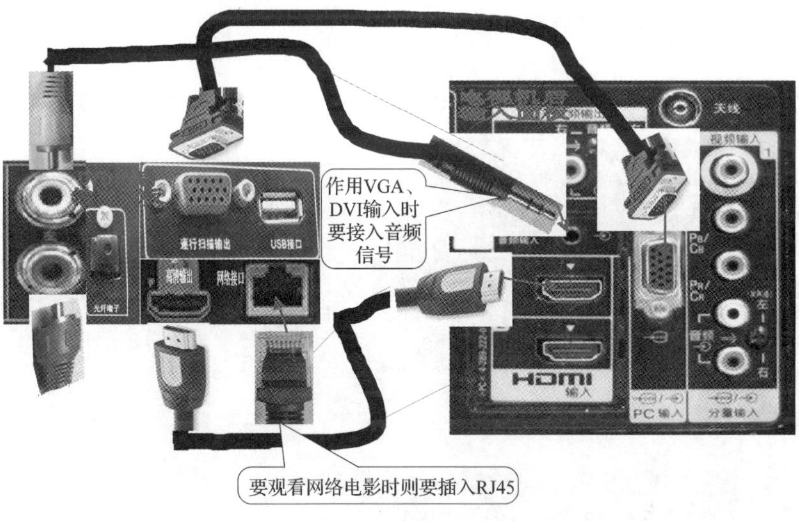

图 1—3—11　HDMI 高清信号及 VGA 信号接线图

（4）电视机音视频信号接线具体操作与工艺要求（表 1—3—6）

表 1—3—6　　电视机音视频信号接线具体操作与工艺要求

序号	操作步骤	操作示意图	操作要点	注意事项
1	AV 信号接线		按国家 AV 信号连接规定，黄色端子为____信号，红色端子为____信号，白色端子为____信号	把莲花接线完全插入，并检查是否有松动，有则要更换接线

续表

序号	操作步骤	操作示意图	操作要点	注意事项
2	视频分量信号接线	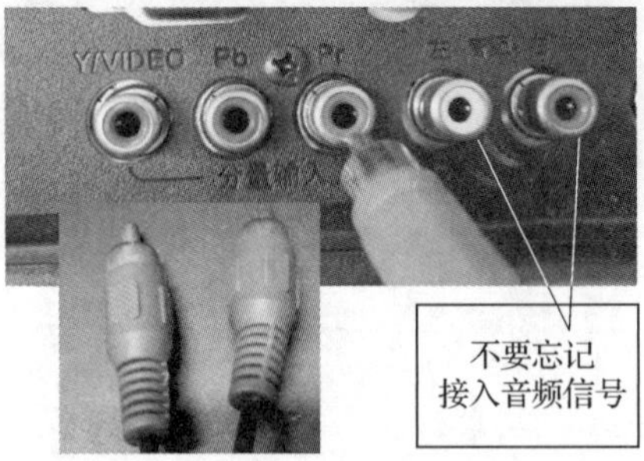	按国家视频分量信号连接规定，绿色端子为______分量信号，对接绿色插座；蓝色端子为______分量信号，对接蓝色插座；红色端子为______分量信号，对接红色插座	
3	HDMI信号接线	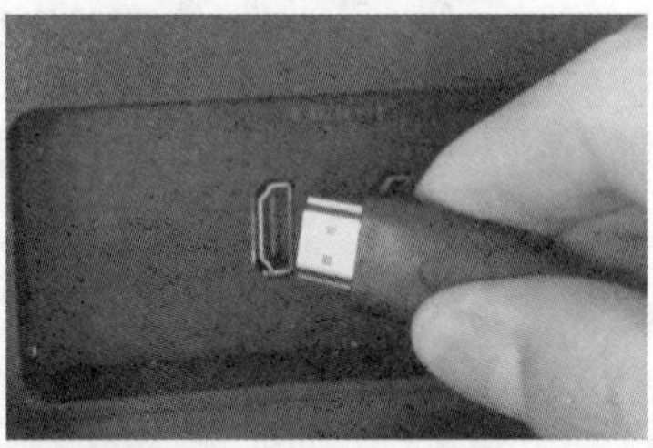	HDMI信号连接线插至电视机的______输入	注意HDMI信号连接线要分方向才能插入
4	DVI－D信号接线		要分清插入的方向并要拧紧旋钮	使用DVI－D线连接高清数字视频时必须另外接入模拟音频信号至电视机

续表

序号	操作步骤	操作示意图	操作要点	注意事项
5	VGA信号接线	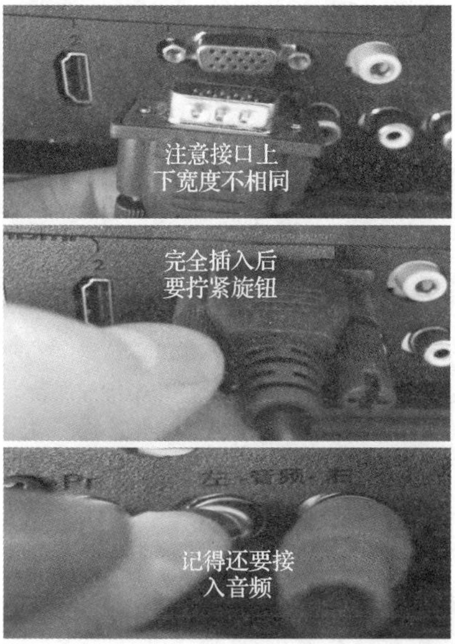	同上	使用 VGA 线连接视频时必须另外接入模拟音频信号至电视机

小提示

DVI 带数字视频与模拟视频，但不带数字音频；DVI－A 带模拟视频；DVI－D 带全数字视频；HDMI 带数字音频与数字视频。HDMI 与 DVI 对数字视频而言只是接口不同，可通过转换头来实现高清数字视频的连接，如图 1—3—12 所示。

HDMI 线　　　转换头　　　HDMI 转 DVI

图 1—3—12　HDMI 转 DVI

5. 网络播放器网线接入

若使用 DVD 机网线接入端口接入网线可参考图 1—3—11 所示的 HDMI 高清信号及 VGA 信号接线图，但性能一般；若使用网络播放器接入网线，可使用无线 WIFI 接入，免去了网络布线。

（1）网络播放器的有线连接图（图 1—3—13）

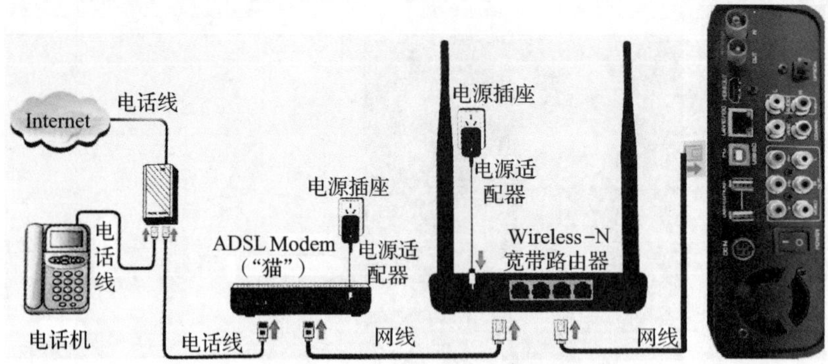

图 1—3—13 网络播放器的有线连接图

（2）网络播放器的无线连接图（图 1—3—14）

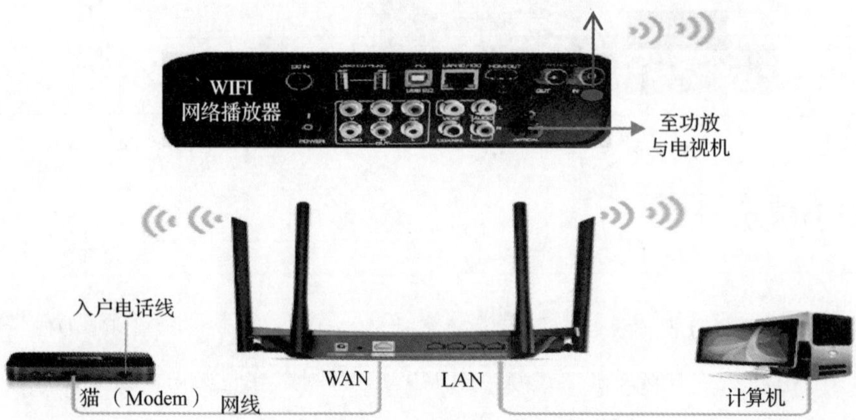

图 1—3—14 网络播放器的无线连接图

评价与分析

根据每个小组成员在本活动学习过程中的表现情况填写《学习任务过程性考核记录表》。

学习活动 4　通电调试与交付验收

学习目标

1. 能自检线路，并通电试机，排查家庭影院系统的常见故障。

2. 能使用视、听等简单的方法调整音箱、电视机的位置，使音像效果达到最佳。

3. 能调整电视机与功放的参数，使音像效果达到最佳。

4. 能对整个音像系统效果做出品评。

5. 能规范填写验收单与工具、材料归还单。

6. 能按照现场 6S 管理规范清点与维护工具，整理工作现场。

建议学时　18 学时。

学习过程

一、通电试机，排查所有可能出现的故障

1. 通电前检查系统接线与配电（表 1—4—1）

表 1—4—1　检查系统接线与配电

序号	检查项目	主要操作	注意点
1	检查所有音像设备接口是否一一对应连接	重点检查的线路有（正常□，有问题☒）： 音箱接线：F.L □，F.R □，S.L □，S.R □，CEN □，SW □	要对 DVD 与功放、DVD 与电视机的各种信号一对一核对检查

续表

序号	检查项目	主要操作	注意点
1	检查所有音像设备接口是否一一对应连接	5.1 接线：F. L □，F. R □，S. L □，S. R □，CEN □，SW □ 视频接线：HDMI □，分量□，VGA □，AV □	
2	检测所有音箱线有无短路	重点检查的音箱有：________ 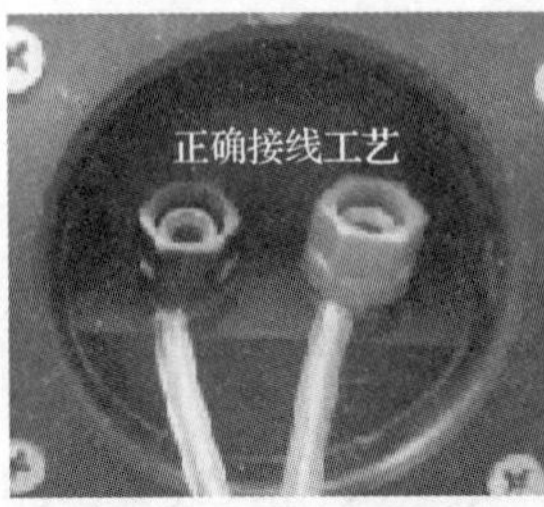	重点检查音箱线有无毛刺、接头是否过长或过短、接口旋钮是否拧紧、正负接线是否正确、有无短路等（正常为4 ~ 10 Ω）
3	检查所有音像设备（液晶电视、电源插座、音箱）是否安装稳固、水平	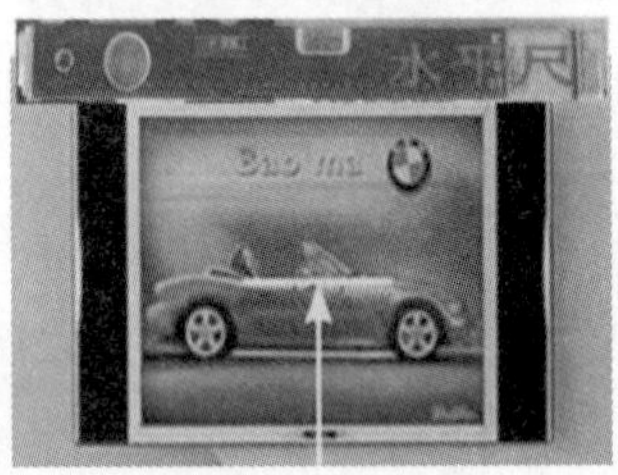	要用适当力度摇动液晶电视支架、电源插座、音箱，看是否有松动
4	音量电位器是否调到最小	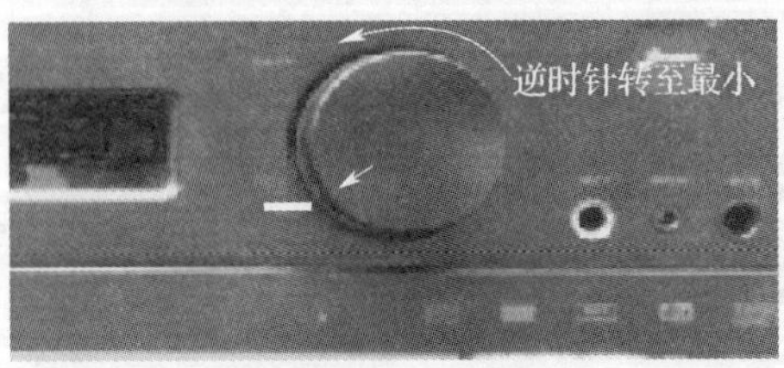	主要把主音量旋钮逆时针旋到底即可
5	检查所有音像设备的配电安全	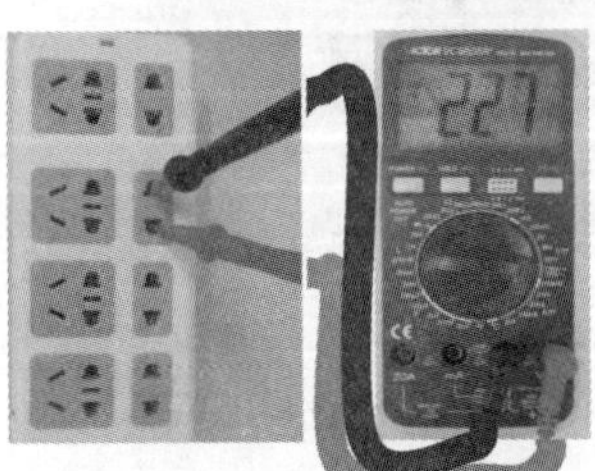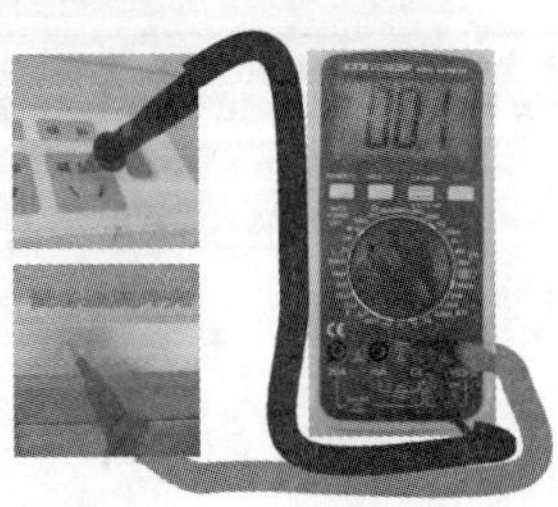	主要检查插座是否左零右火，设备的外壳是否与插座地线相接

2. 接通电源进行试机操作（表 1—4—2）

表 1—4—2　　　　接通电源进行试机操作

序号	操作次序	图示	操作过程	注意点
1	依次打开音像器材的电源	—	开机次序是： 原因：	
2	调整功放信号的输入，选择“AC－3”模式	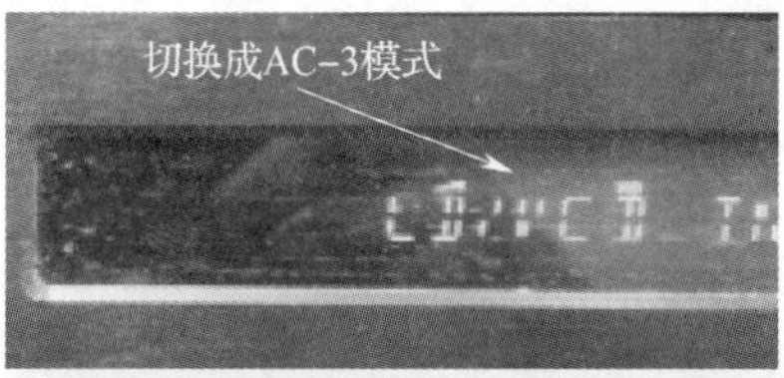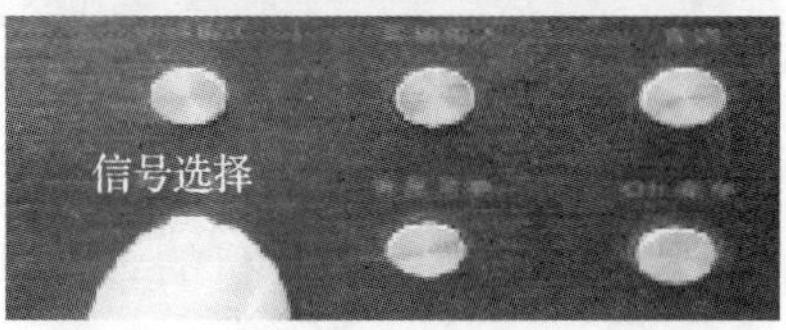	操作过程：	（1）音量要从小到大慢慢提升，也不能过大 （2）当提升到一半音量时仍没有声音就不要再提升音量，要查找故障原因
3	将电视机调到用 DVD 输入的“HDMI”模式	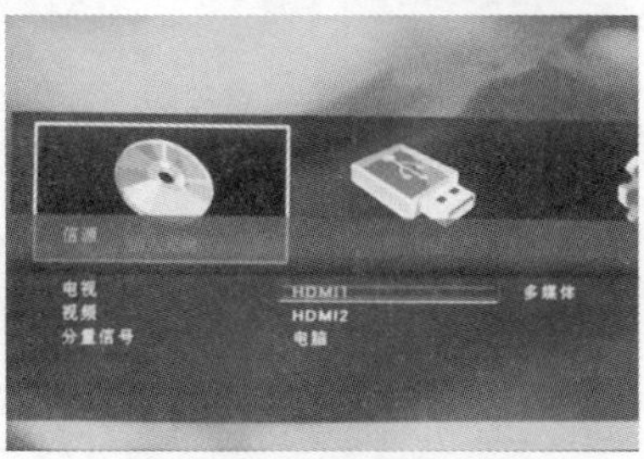	操作过程：	
4	播放“AC－3”DVD 音效测试光盘		操作过程：	

续表

序号	操作次序	图示	操作过程	注意点
5	坐到合适的位置，用遥控器慢慢调整音量到合适位置		操作过程：	

3．分析、排查安装系统故障

播放“AC－3” DVD 音效测试光盘时，根据电视机的画面指示检查各扬声器是否正常工作，并分析、排查安装系统可能出现的故障（表 1—4—3）。

表 1—4—3　分析、排查安装系统故障

序号	检查次序	图示	分析对应的扬声器无声时的故障，并按故障排查顺序写出
1	主前左		

续表

序号	检查次序	图示	分析对应的扬声器无声时的故障，并按故障排查顺序写出
2	主前右		
3	后左环绕		
4	后右环绕		
5	中置		
6	超重低音		

4．5.1 声道影音系统常见故障的排查方法（表 1—4—4）

表 1—4—4　　常见故障的排查方法

序号	故障现象	分析故障（写出故障排查的顺序）	实际操作	注意点
1	打开所有设备电源，无声、无图、无电源指示		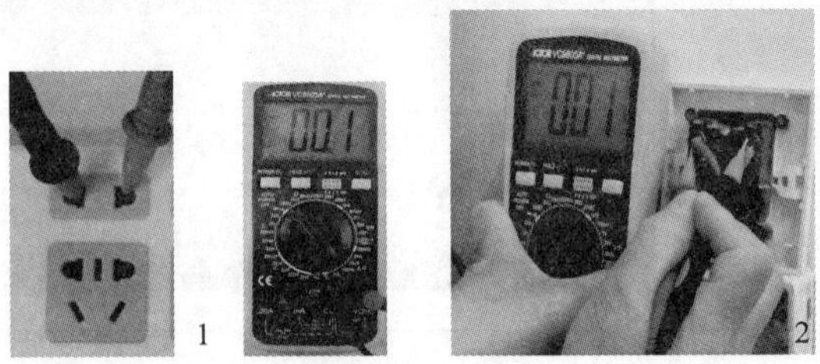	检查故障时应先考虑配电故障，再考虑信号线故障，然后考虑终端设备信号设置是否正确，如音箱、电视机输入信号设置，功放输入信号设置，所有设置均正确后再考虑其故障
2	打开所有设备电源，能播放测试光盘，系统声音正常，但电视机有光无图像		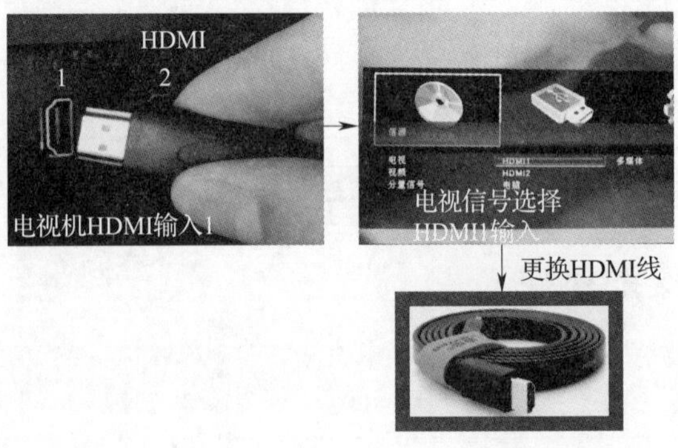	
3	打开所有设备电源，能播放测试光盘，电视机画面正常，但所有声道都没有声音		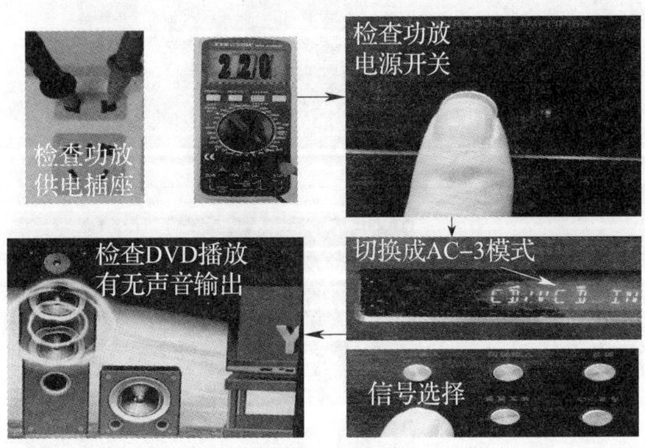	

续表

序号	故障现象	分析故障（写出故障排查的顺序）	实际操作	注意点
4	打开所有设备电源，能播放测试光盘，电视机画面正常，但有一声道（如主前左声道）没有声音，或噪声很大		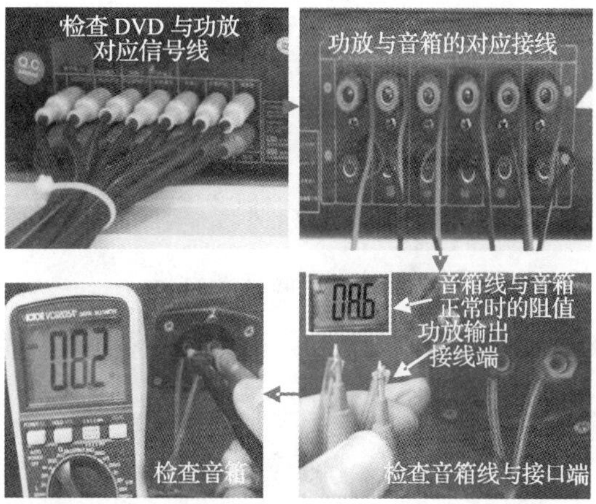	

二、5.1 音箱位置调整

播放“AC－3”DVD 音效测试光盘，依据 5.1 音箱放置方法与实际听感，不断调整音箱的位置，使整个系统音效最好为止。以液晶电视中心正下方为坐标原点，记录好各音箱调整后的位置（X，Y，Z）与角度，以作为日后工作的参考数据（图 1—4—1）。

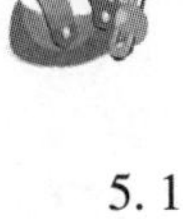

小提示

5.1 声道的 6 个音箱放置位置，除了要依据本学习任务中理论上对环绕声音箱的放置要求外，还要考虑客厅的实际装修与美观，通过测试及聆听者实际听感，适当地调整各音箱

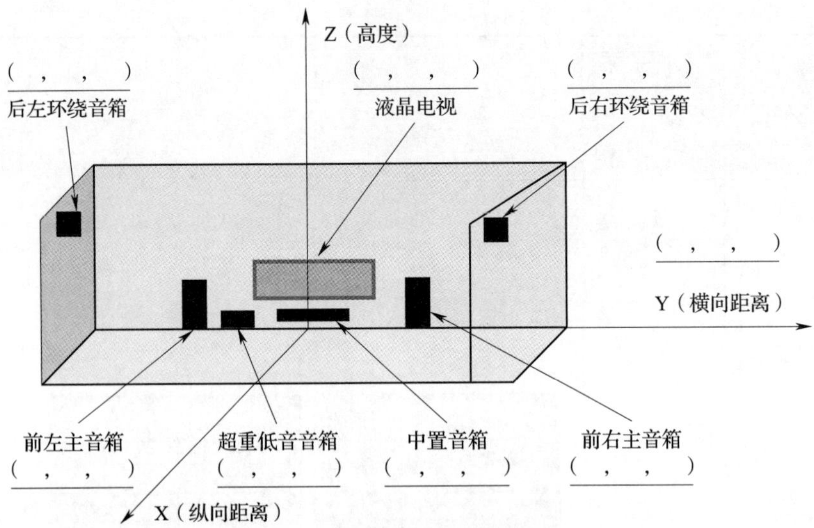

图 1—4—1　5.1 影音系统设备调整后的位置图

的位置，直至在实际环境下达到最佳的环绕效果。

1. 根据液晶电视的尺寸确定“皇帝位”位置（欣赏节目最佳的座位），如图 1—4—2 所示。通过计算得出，42 寸电视机观看距离为 3.9 m，人视感觉最佳观看距离 L = 3.5 m 左右（各人的感觉都不同，有些人觉得 3 m 较好）。还可在网上搜索其他不同尺寸的电视机最佳观看距离。

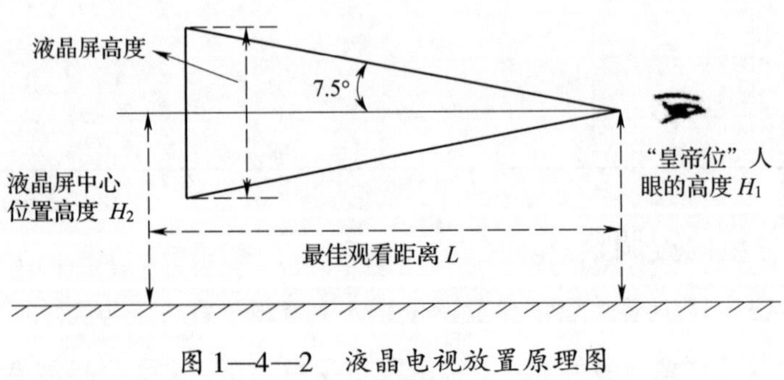

图 1—4—2　液晶电视放置原理图

2. 根据实际情况调节各音箱的位置，如图 1—4—3 所示。

3. 5.1 声道的 6 个音箱一般放置要求

（1）左、右前置主声道音箱分别放置于液晶电视两侧，两音箱与“皇帝位”之间三点成等边三角形关系，音箱中的高音扬声器与坐在沙发上的聆听者耳朵处于同一高度。

（2）将中置音箱放在液晶电视前的桌面上。左、右前置音箱与中置音箱的高度尽可能相同，且这三个音箱的正面应在同一平面上。

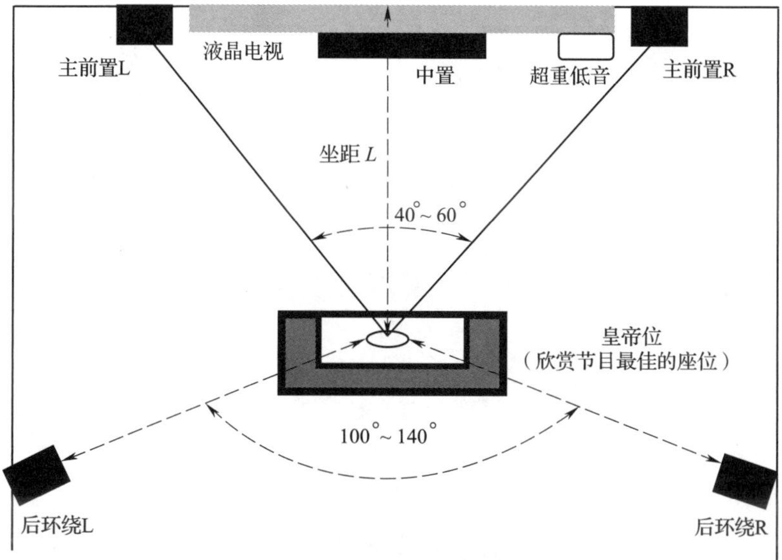

图 1—4—3　音箱调节参考图

（3）环绕音箱要等距离地摆在听者的左、右两侧，两个音箱朝向听者，且与听者的距离相同。第一种方案是悬挂在墙上 2 m 左右，高于听者坐立时头部 60～90 cm（视客厅的装修与美观而定）；第二种方案是等距离地摆在听者的左、右后侧，且距离与两个主音箱之间的距离大概一致。

（4）重低音音箱最好不要放在桌面上，放在听者前方的地面上为宜。需要注意的是，重低音音箱的倒相孔切忌紧贴其他物品，否则会影响低音的效果。

三、液晶电视画面的调整（表 1—4—5）

表 1—4—5　液晶电视画面的调整

序号	调整项目	操作画面	操作步骤与最佳数值	注意点
1	对比度调节	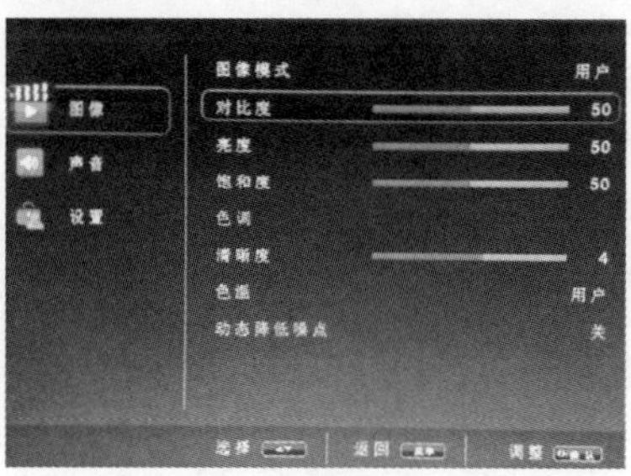		合理调整电视机画面参数，可在一定程度上提高电视机的画质，如观看电影时可选择图像模式为“动态”，

续表

序号	调整项目	操作画面	操作步骤与最佳数值	注意点
2	亮度调节	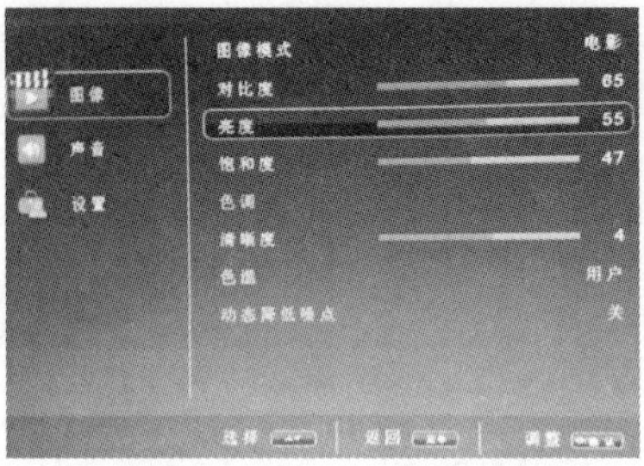		
3	饱和度调节	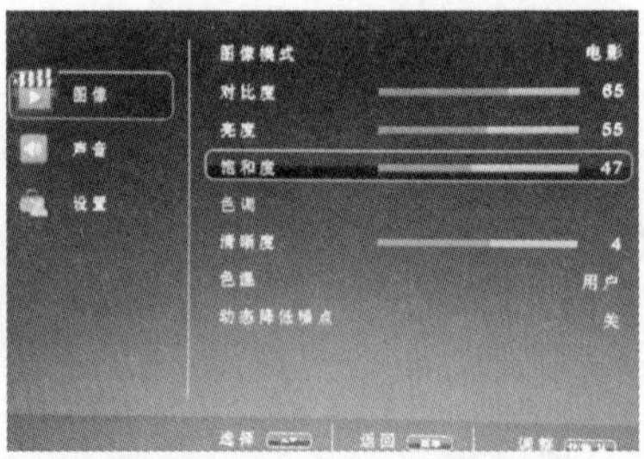		或自定义，适当提高亮度、对比度、清晰度。提高亮度（90%）可大大改善电视机的对比度，但过高会加速电视机的老化
4	清晰度调节	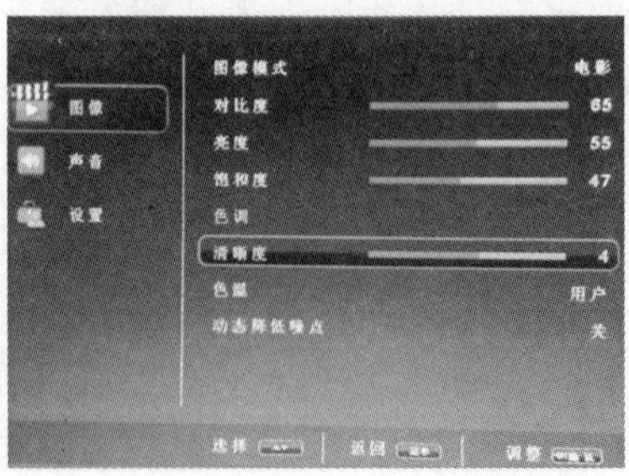		
5	色温调节	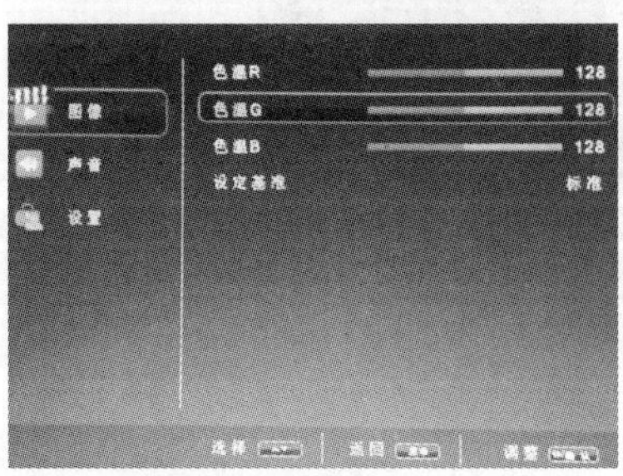		

四、再次检查 5.1 声道家庭影院系统主要功能（表 1—4—6）

表 1—4—6　　5.1 声道家庭影院系统主要功能

序号	功能项目	正常与否	分析并排查故障
1	高清输入		
2	DVD 播放		
3	5.1 环绕声		
4	网络播放		
5	3D 播放		

五、评价家庭影院系统工艺与音像质量

1. 安装工艺的优点与缺点：

2. 音像性能的优点与缺点：

六、进行角色扮演——验收工程

工程验收时，使用角色扮演的方法，学生介绍整个工程完工情况，并演示效果给教师看，品评整个系统的音像质量，教师为客户提出工程上可能存在的问题，引导学生对存在的问题做出解释和处理，并做好记录。

1. 学生角色

（1）介绍整个系统使用的材料质量与施工质量：如介绍系统配置参数，信号布线、配电安装使用的材料参数。

（2）演示整个系统的音像效果给教师看，品评整个系统的音像质量，讲解并演示系统的各个功能。

（3）解释“客户”提出的工程上存在的问题和后期的处理方法。

（4）填写验收记录单（表 1—4—7）。

表 1—4—7 验收记录单

序号	验收中存在的问题	改进和完善措施	完成时间	备注
1				
2				
3				
4				
5				

2. 客户（教师）角色

（1）检查施工质量与工艺，询问工程使用的物料与参数、保修期限等。

（2）要求学生演示系统的各个功能，并根据实际情况多提出疑问，锻炼学生的应变能力及对所学知识的应用能力。

七、工程验收与评分

1. 学生填写工程验收单

补充填写学习活动 1 的工作任务联系单，一式两份，客户（教师）签字确认并盖章。

2. 家庭影院系统验收标准及评分（表 1—4—8）

表 1—4—8 系统验收标准及评分表

验收项目			验收标准	分值	评分			备注
					自我评价	小组互评	客户评价	
1	工程安装	电气布线工艺	（1）整体布局合理、整齐、美观 （2）系统接线正确、牢固，不易出现短路，预留的接线长度合适	20 分				
		接线制作工艺	（1）制作的接线不能有毛刺，牢固、美观 （2）制作的接线长度要适当	10 分				

续表

<table>
<tr><th colspan="2" rowspan="2">验收项目</th><th colspan="2" rowspan="2">验收标准</th><th rowspan="2">分值</th><th colspan="3">评分</th><th rowspan="2">备注</th></tr>
<tr><th>自我评价</th><th>小组互评</th><th>客户评价</th></tr>
<tr><td>1</td><td>工程安装</td><td>设备放置</td><td>（1）设备放置整体布局合理、整齐、美观
（2）液晶电视安装支架要牢固、高度合适、水平
（3）各音箱放置合理、美观、牢固、高度合适</td><td>10 分</td><td></td><td></td><td></td><td></td></tr>
<tr><td rowspan="2">2</td><td rowspan="2">系统性能</td><td>音响性能</td><td>（1）DVD 机、液晶电视、网络播放器、各音箱能正常工作
（2）能播放出最好的环绕声效果</td><td>20 分</td><td></td><td></td><td></td><td></td></tr>
<tr><td>画面性能</td><td>（1）电视机的各参数处于最佳值，画质最佳
（2）能播放 3D 立体电影</td><td>20 分</td><td></td><td></td><td></td><td></td></tr>
<tr><td>3</td><td>安全文明施工</td><td colspan="2">（1）安全用电，操作符合安全规范，具有良好的操作习惯
（2）工作环境整洁、秩序井然
（3）爱护工具，用完工具要物归原位，符合 6S 管理</td><td>20 分</td><td></td><td></td><td></td><td></td></tr>
<tr><td colspan="4">合计</td><td>100 分</td><td></td><td></td><td></td><td></td></tr>
<tr><td colspan="9">总评：自我评价 ×20% + 小组互评 ×20% + 客户评价 ×60% =</td></tr>
</table>

八、按照现场 6S 管理规范清点与维护工具，整理工作现场

根据领用单清点所有工具，检查其是否有损坏，若无损坏应交还到收发处，若有损坏应及时提出。同时整理用剩下的元器件及材料并交还到收发处，清洁现场。规范填写元器件、材料及工具归还清单（表 1—4—9）。

表 1—4—9 元器件、材料及工具归还清单

序号	元器件、材料及工具名称	型号及规格	数量	备注
1				
2				
3				
4				
5				
6				
7				
8				
客户或负责人 （签字）		年 月 日	团队负责人 （签字）	年 月 日

评价与分析

根据每个小组成员在本活动学习过程中的表现情况填写《学习任务过程性考核记录表》。

学习活动 5　工作总结与评价

学习目标

1. 能按分组情况，选派代表用 PPT 展示本组工作成果，并进行自我评价与小组评价。

2. 能结合任务完成情况，正确规范地撰写工作总结(心得体会)。

3. 能对本任务中出现的问题进行分析，并提出改进措施和方法。

建议学时　12 学时。

学习过程

一、个人、小组评价

以小组为单位，选择演示文稿、展板、海报、视频等形式中的一种或几种，向全班展示、汇报制作成果。在展示的过程中，以小组为单位进行评价；评价完成后，根据其他小组成员对本组展示成果的评价意见进行归纳总结。

二、听取教师评价

认真听取教师对本小组展示成果优缺点以及工作过程中亮点和不足的评价意见，并做好记录。

1. 教师对本小组展示成果优点的点评。

2. 教师对本小组展示成果缺点以及改进方法的点评。

3. 教师对本小组整个任务完成中出现的亮点和不足的点评。

三、工作过程回顾及总结

1. 总结完成本学习任务过程中遇到的问题和困难，列举 2～3 点你认为比较值得和其他同学分享的工作经验。

2. 回顾本学习任务的工作过程，对新学专业知识和技能进行归纳和整理，写一篇字数不少于 600 字的工作总结。

工作总结

评价与分析

按照“客观、公正和公平”原则，在教师的指导下按自我评价、小组评价和教师评价三种方式对自己或他人在本学习任务中的表现进行综合评价。综合等级按：A（90～100）、B（75～89）、C（60～74）、D（0～59）四个级别进行填写，见表1—5—1。

表1—5—1　　学习任务综合评价表

考核项目	评价内容	配分	评价分数		
			自我评价	小组评价	教师评价
职业素养	劳动保护用品穿戴完备，仪容仪表符合工作要求	5分			
	安全意识、责任意识、服从意识强	6分			
	积极参加教学活动，按时完成各项学习任务	6分			
	团队合作意识强，善于与人交流和沟通	6分			
	自觉遵守劳动纪律，尊敬师长，团结同学	6分			
	爱护公物，节约材料，管理现场符合6S标准	6分			
专业能力	专业知识扎实，有较强的自学能力	10分			
	操作积极，训练刻苦，具有一定的动手能力	15分			
	技能操作规范，注重安装工艺，工作效率高	10分			
工作成果	项目安装符合工艺规范，产品功能满足要求	20分			
	工作总结符合要求，产品制作质量高	10分			
总分		100分			
总评	自我评价×20%＋小组评价×20%＋教师评价×60%＝	综合等级	教师（签名）：		

学习任务二　会议室语音、视频系统的安装与调试

学习目标

1. 能查找相关资料，描述带有投影的会议室语音、视频系统的种类、组成及功能特点。

2. 能制订工作计划，对整项工作做出合理的时间安排。

3. 能根据任务要求确定设备与布线放置位置，制订施工方案。

4. 能选择性价比较高的设备与耗材，并能核算安装整个系统所需的成本。

5. 能正确填写领料单并领料，核对清单，检验各器件和工具的品质及数量。

6. 能识别各组成设备接口的中、英文标识。

7. 能根据会议室语音、视频系统设备接口的要求制作各种连接线。

8. 能正确使用工具，根据投影式语音系统的安装施工图，按照施工安全规程与工艺要求完成整个系统的安装。

9. 能根据会议室尺寸对强电供电进行合理、规范布线，并安装好配电插座。

10. 能使用视、听等简单的方法对系统质量及功能进行检测，减小回响与自激。

11. 能通过对语音系统各个信道的音量、混响度、音色、回响度等参数进行调整，使整个系统语音清晰、明亮。

12. 能选择好投影仪的信号输入端并进行投影仪色度、亮度的调节。

13. 能排查会议室语音、视频系统安装的常见故障。

14. 能规范填写验收单，并按照现场6S管理规范清点与维护工具，整理工作现场。

15. 能就本次任务中出现的问题提出改进措施，且能与他人合作，展示工作成果，对学习与工作进行总结与反思。

建议学时

84 学时

工作情境描述

“希望小学”的陈校长准备将某个班级的教室改装成会议室，要求该会议系统具备 100 英寸投影功能、8 路有线麦克风与 4 路无线麦克风扩音和一个主席台演讲位功能，且声音清晰，无明显杂音、失真与自激，投影仪的画面清晰，达到国家规定的会议室语音、视频系统安装工程标准，5 个工作日完成，经验收合格后交付使用。

工作流程与活动

1. 明确工作任务，了解会议室配置（12 学时）
2. 安装前的准备（12 学时）
3. 现场安装（24 学时）
4. 通电调试与交付验收（24 学时）
5. 工作总结与评价（12 学时）

学习活动1　明确工作任务，了解会议室配置

学习目标

1. 能明确任务要求，正确填写工作任务联系单。

2. 能查阅相关资料，描述会议室语音、视频系统的种类、组成和功能特点，指出安装会议室语音、视频系统所需的器材。

3. 能根据声学原理，对现场做合理规划，初步确定音箱、投影、功放的放置位置，并能指出布线方案。

建议学时　12学时。

学习过程

一、阅读工作任务联系单，明确任务要求

阅读工作任务联系单（表2—1—1），说出本次任务的工作内容、时间要求等基本信息，并补充表中的相关内容。

表2—1—1　　工作任务联系单

施工单位		施工时间	年　月　日至　年　月　日
施工负责人		施工人员	
施工内容	购置相关器材，组装会议室语音、视频系统		
施工方案简述	1. 投影仪采用悬挂式安装 2. 前置音箱采用落地式摆放，后置音箱采用壁挂式安装		

续表

施工方案简述	3. 所有的信号线、电源线尽量采用线槽暗走线安装 4. 安装专用配电插座及设备的扩展插头		
工作要求	严格按照施工安全规范文明施工，实现施工内容的要求与性能要求（含6S管理）		
派工人员		派工时间	
验收意见			
验收人员		验收时间	

1. 该项工作的施工地点是：________________________________。

2. 该项工作的完成时间是：____________________________，合计施工总工时：________________________。

3. 该项工程出包方对施工方案的要求：

4. 该项工程验收时的性能要求（参考工作情境描述中的要求）：

5. 该项任务交给你和同组人，则你们的角色是____________人员（单位）。

6. 该项工作完成后应交给__________进行验收。验收意见应由__________填写。

7. 使用工作任务联系单的目的是____。

二、查阅相关资料，了解会议室语音、视频系统的组成

1．查阅常用会议室语音、视频系统资料，简述会议室应具备的功能和特点。

（1）简述图 2—1—1 所示会议室的使用场合。

使用场合：

图 2—1—1　会议室实物图片 1

（2）简述图 2—1—2 所示会议室的使用场合。

使用场合：

图 2—1—2　会议室实物图片 2

2．认识会议室语音、视频系统。

参考图 2—1—3 所示会议室设备走线图并结合实际施工要求构思会议室语音、视频系统方案图。

3．参考图 2—1—4 所示会议室立体图并结合现场实际情况思考音箱、投影仪、幕布、功放等设备的摆放位置。

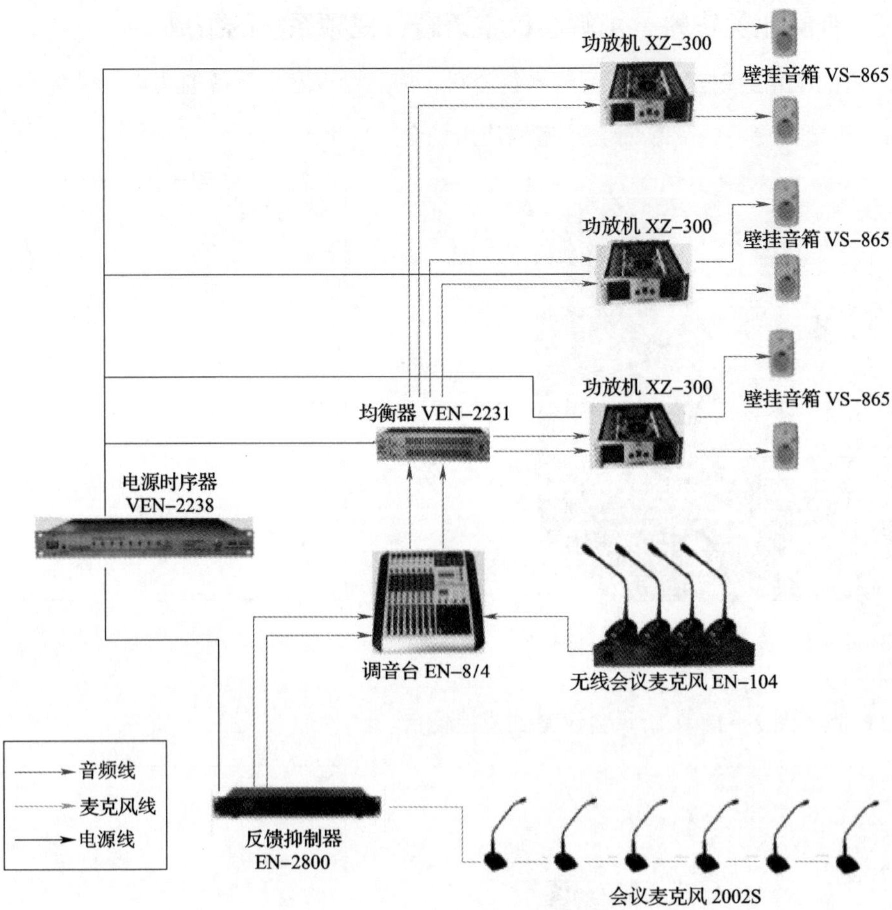

图 2—1—3 会议室设备走线图

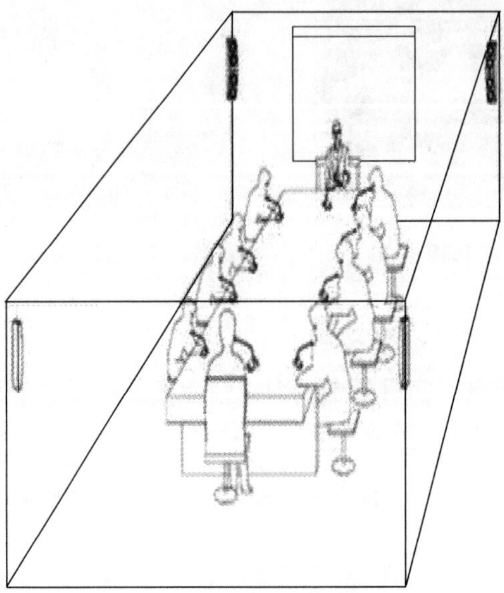

图 2—1—4 会议室立体图

评价与分析

根据每个小组成员在本活动学习过程中的表现情况填写《学习任务过程性考核记录表》。

学习活动 2 安装前的准备

学习目标

1. 能认识有线麦克风、无线麦克风、会议室麦克风控制器、投影仪等设备。

2. 能选择性价比较高的设备与耗材，并能核算安装整个系统所需的成本。

3. 能制订工作计划，对安装工作做出合理的时间安排。

4. 能正确填写领料单并领料，核对清单，检验各器件和工具的品质及数量。

建议学时 12 学时。

学习过程

一、认识会议室的装置

1. 通过查阅资料或根据表 2—2—1 中的图片认识会议室有线麦克风，并写出其技术参数和特点。

表 2—2—1 有线麦克风的技术参数和特点

有线麦克风	技术参数	特点
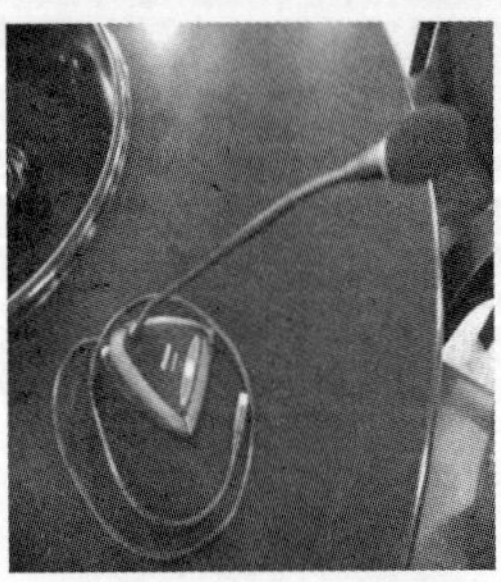		

续表

有线麦克风	技术参数	特点

2. 阅读说明书，结合实物熟悉图 2—2—1 所示控制器各旋钮的功能。

图 2—2—1　DM－2000 麦克风控制器

小提示

DM－2000 功能简介

■ 主机和单元采用八芯线缆手拉手连接。

■ 可独立运作或外接计算机同步联动操作，实现多种会务管理功能（会议模式或操作：指定发言、自由发言、申请发言及先进先出发言等）。

■ 面板 LCD 液晶显示，122×32 点阵显示会议模式。

■ 本主机单台可带 60 套代表/主席单元，单台主机加扩展的通信能力最多可达到 240 台。

■ 可选择同时发言的麦克风数为 1～9 支或全开放式发言。

■ 内置视像中央处理器，可实现发言者定位跟踪的功能。

■ 具有 8 路视频输入，2 路视频输出，可以外接 8 路摄像机视频。

■ 具有音频信号输出端子，可外接录音或音响设备。

3. 写出图 2—2—2 所示麦克风接口的管脚功能及定义。

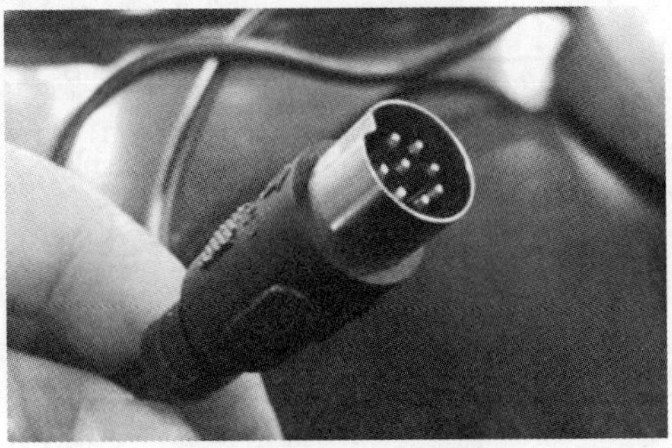

图 2—2—2 麦克风接口

4. 写出表 2—2—2 中连接线的名称，并绘制出连接线与多路麦克风的连接图。

表 2—2—2 连接线的名称及其与多路麦克风的连接

<table>
<tr><td>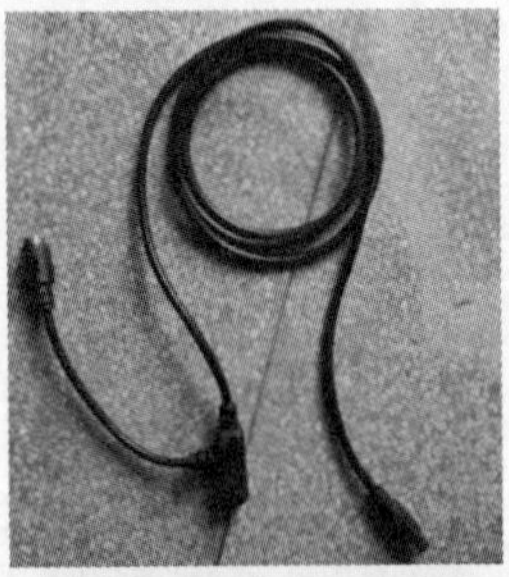</td><td rowspan="2">名称：

连线图：</td></tr>
<tr><td>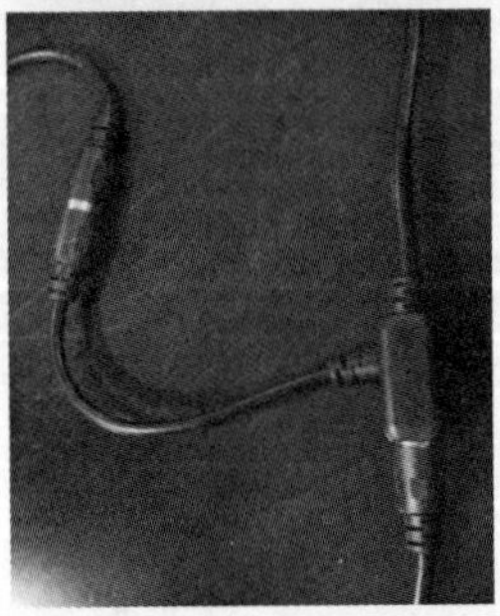</td></tr>
</table>

5. 结合实物参考图 2—2—3 认识会议室无线麦克风，并回答相关问题。

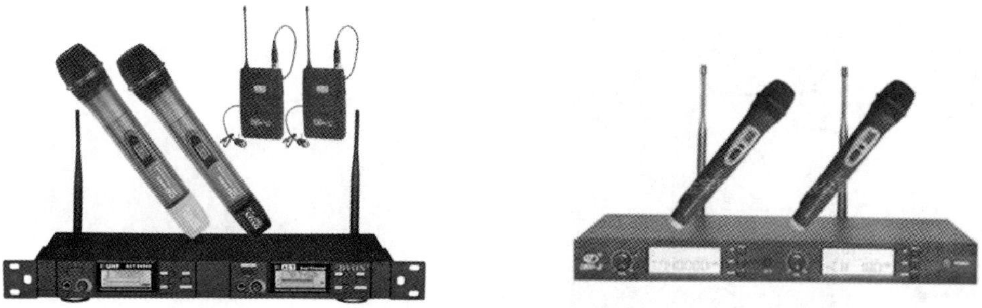

图 2—2—3　无线麦克风

（1）无线麦克风工作的频段是多少?

（2）一般无线麦克风的有效扩音距离是多少?

（3）无线麦克风连接主机背面的信号输出有哪几种方式?

6. 结合实物参考图 2—2—4 和图 2—2—5 认识会议室视频投影仪，并回答相关问题。

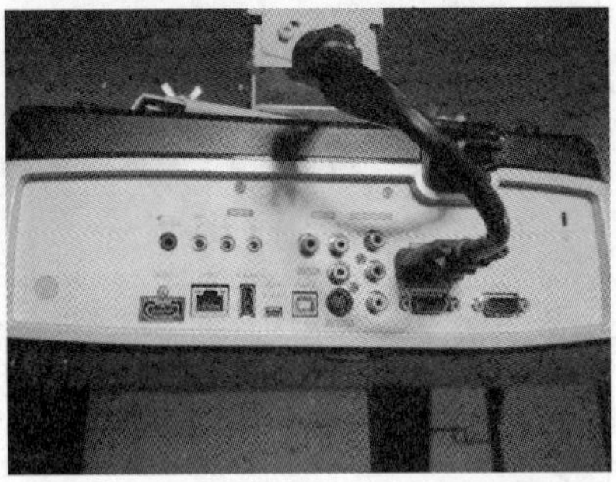

图 2—2—4　投影仪背面接口图

图 2—2—5　投影仪整机图

（1）投影仪主要性能参数的意义和数值范围（表 2—2—3）。

表 2—2—3　　投影仪主要性能参数的意义和数值范围

序号	主要性能参数	意义	数值范围
1	大小（对角线的长度）		
2	亮度		
3	对比度		
4	可视角		
5	分辨率（固有像素）		
6	响应时间		
7	刷新率		
8	信号输入的种类与数量		

（2）比较表 2—2—4 中投影仪安装方式的优、缺点。

表 2—2—4　　投影仪各安装方式的优、缺点

安装方式	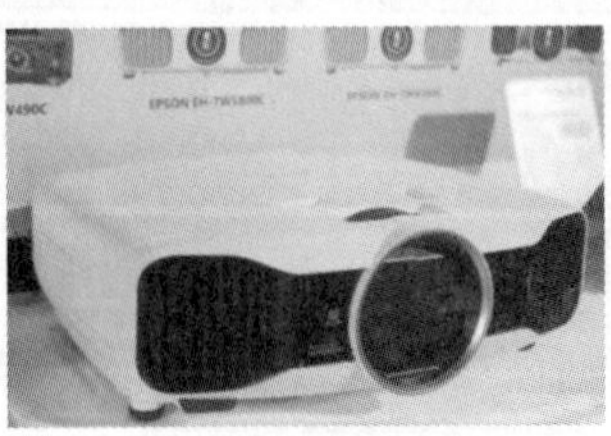	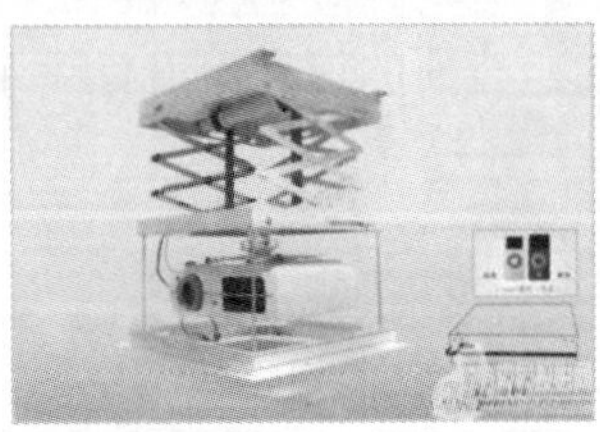	
优点			
缺点			

7. 参考图 2—2—6 所示投影仪整机结构熟悉投影仪的结构组成、组件之间的内在联系和功能。

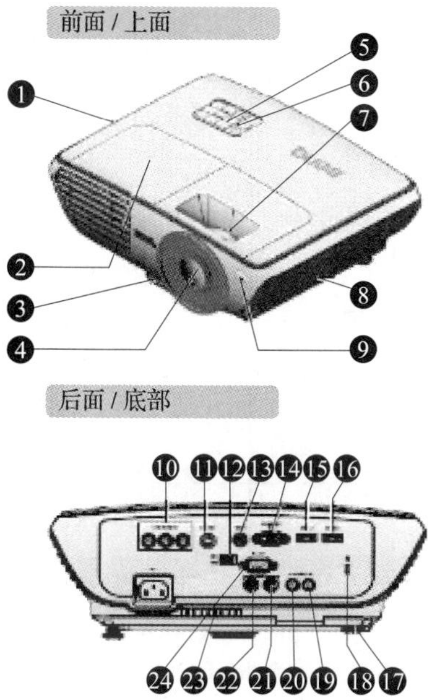

1. 通风口（排出热空气）
2. 灯罩
3. 快速装拆按钮
4. 投影镜头
5. 外部控制面板
6. 顶部红外线遥控传感器
7. 调焦圈和缩放圈
8. 通风口（吸入冷空气）
9. 前部红外线遥控传感器
10. COMPONENT 输入接口
11. G-VIDEO 输入接口
12. USB 输入接口
13. VIDEO 输入接口
14. PC 输入接口
15. HDMI1 输入接口
16. HDMI2 输入接口
17. 后调节支脚
18. Kensington 防盗锁插孔
19. 音频输入插孔（右）
20. 音频输入插孔（左）
21. 音频输入插孔
22. 音频输出插孔
23. 快速装拆支脚
24. RS-232 控制端口

图 2—2—6　投影仪整机结构

二、成本核算

根据以上所学的知识与工程要求，总结整个工程所用的音像器材与安装时所用的耗材，到网上或到实体商店了解价格，初步估算出整个工程的成本（表 2—2—5）。

表 2—2—5　工程成本核算

序号	器材与耗材	名称	单价（中档次）	数量	合计价格	备注：型号、作用、性能、采购注意点与采购点（网址）
1						

续表

序号	器材与耗材	名称	单价（中档次）	数量	合计价格	备注：型号、作用、性能、采购注意点与采购点（网址）
2	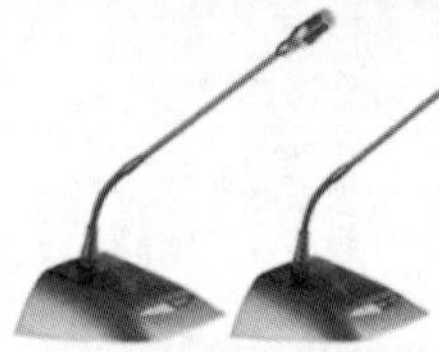					
3						
4	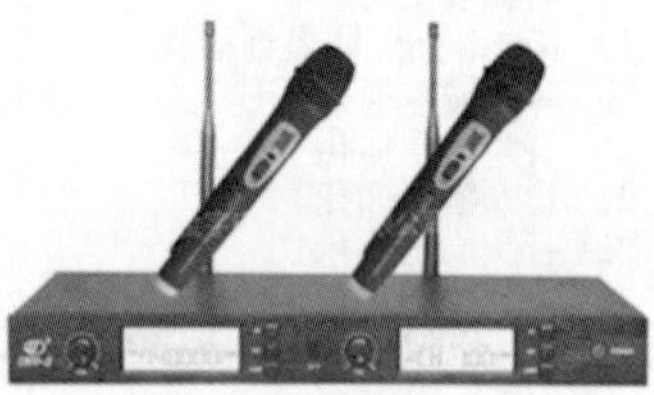					
5						
6						
7						

续表

序号	器材与耗材	名称	单价（中档次）	数量	合计价格	备注：型号、作用、性能、采购注意点与采购点（网址）
8	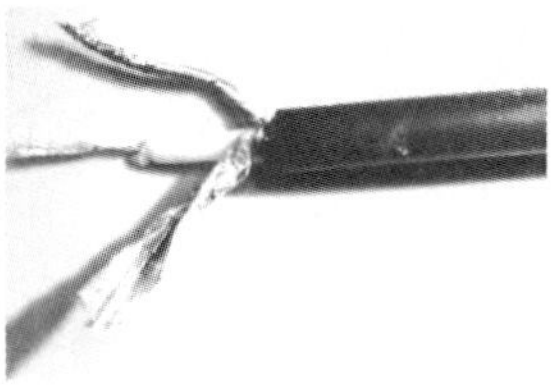					
9	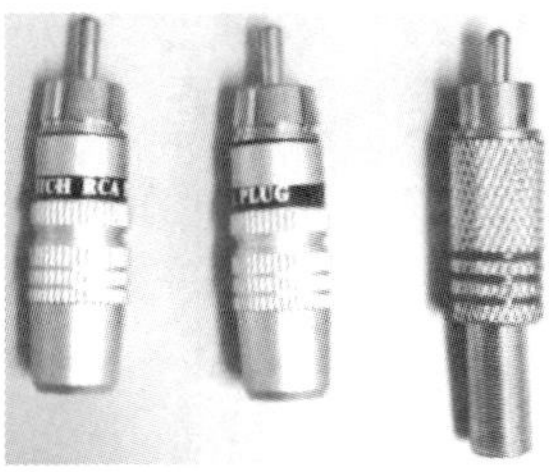					
10						
11						
12						

续表

序号	器材与耗材	名称	单价（中档次）	数量	合计价格	备注：型号、作用、性能、采购注意点与采购点（网址）
13						
14						
15	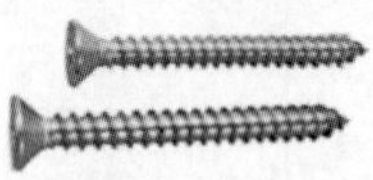					
16	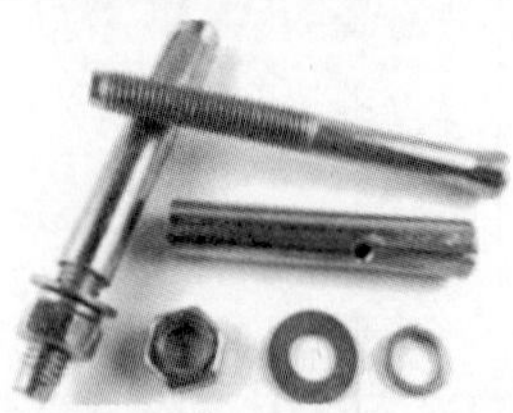					
17	（其他）					
合计（大写）：			合计（小写）：			

三、制订工作计划

1. 整个工作流程（图2—2—7）

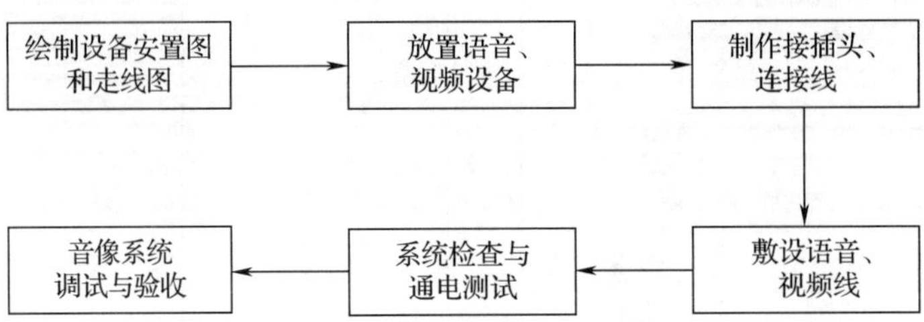

图2—2—7　工作流程图

2．填写工作计划表（表 2—2—6）

表 2—2—6　　工作计划表

团队名称		团队编号		任务名称		任务起止日期		
步骤	项目名称	工作内容				预计施工日期	预计工时	备注
1								
2								
3								
4								
5								
6								

教师审核意见：

教师（签名）：____________　　制订计划人（签名）：____________

年　　月　　日

四、填写领料单并领料，核对清单，检验各器件和工具的品质及数量（表 2—2—7）

表 2—2—7　　领料单

序号	材料与工具名称	单位	数量	备注（从外观粗略判断其质量）

续表

序号	材料与工具名称	单位	数量	备注（从外观粗略判断其质量）

评价与分析

根据每个小组成员在本活动学习过程中的表现情况填写《学习任务过程性考核记录表》。

小提示

多功能会议系统 DS－M2000

DS－M2000 是为仅需要大会讨论功能的会议室而设计的系统，具有基本的会议发言功能，系统配置简单，小巧轻便。每个单元都有开/关麦克风、发言指示的功能。通过主机的模式控制，还可实现限制、压倒轮替、全开放、主席专有、自动关机等功能，另外还可实现抢答的功能。

系统连接示意图如图 2—2—8 所示。

（1）先将主控机放置于机柜或台面，列席机放置于各座位的台面上。

（2）将 8 芯延长线（13 m）的凸头插在主控机的任一 8P－DIN 插座（主控机印有 LINE 的位置）上。

（3）将 T 形线主缆的凸头按指示标志插在延长线的凹头上，分机线插在列席机的 8P－DIN 插座上。

（4）依次类推，将其他的列席机连接上。

（5）如果会议室要求将线隐藏，在施工时应将线埋在地下。

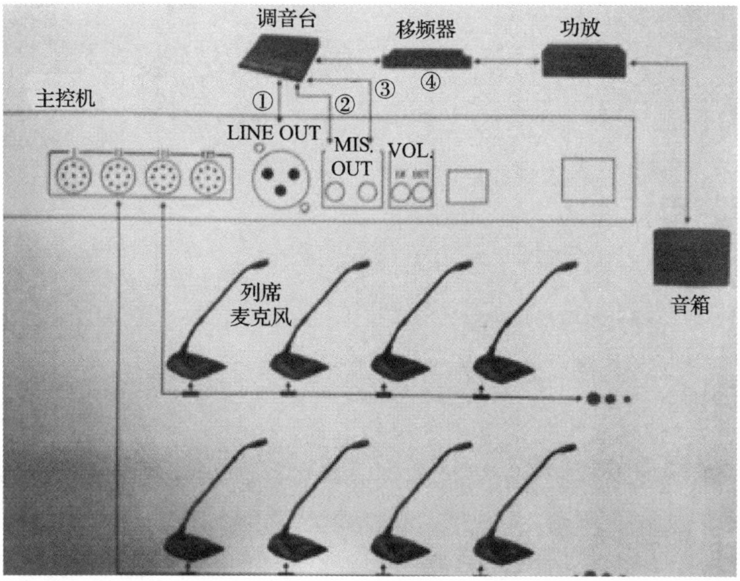

图 2—2—8　系统连接示意图

（6）配有调音台时，用音频线将调音台连接到主控机的音频平衡输出（LINE OUT）接口上。

（7）将主控机的系统音频输出（MIS. OUT）左、右声道连接到功放或调音台的线路输入接口。

（8）将音箱连接到功放上。

（9）将录音设备连接到调音台（有调音台时适用）。

（10）检查系统连接无误后，将主控机面板上的电源开关置于断开状态，将音量电位器（VOL.）调节到最小，其余控制电位器调到中心位置（包括功放电位器）。

（11）用电源线将主控机连接到电源，然后按下电源开关，查看电源指示灯是否亮。

（12）开启会场的任意一只麦克风，通过调节主控机的系统音量电位器（VOL.）将音量调节到适当大小，通过系统高（TREBLE）、中（MEDIANT）、低（BASS）调节电位器来调节音质。

（13）使用移频器时，应将移频器串接在主控机和功放或调音台之间。

（14）按使用说明对主控机进行调试。

（15）将会议主机和会议单元用所配的贴有 SYSTEMD 字样的 T 形线，按线上的“→”标志对准插紧。连接线缆时一定要注意线上的“→”标志，分清 T 形线的主缆 Master Part（2 M 端为主缆）和分机线 Extension（1.5 M 端为分机线）。

学习活动3 现 场 安 装

学习目标

1. 能根据施工方案结合现场实际情况把麦克风、投影仪、功放等设备放置到合适的位置。

2. 能根据会议室语音、视频系统设备接口的要求制作各种连接线。

3. 能正确使用工具，根据投影式语音系统的安装施工图，按照国家施工安全规程与工艺要求完成整个系统的安装。

4. 能根据会议室尺寸对强电供电进行合理、规范布线，并安装好配电插座。

5. 能识别各组成设备接口的中、英文标识。

建议学时 24学时。

学习过程

一、音箱信号线、配电线的布线

1. 会议室设备放置图可参考图2—1—1和图2—1—2。

2. 布线具体操作与工艺要求（表2—3—1）

二、根据说明书要求连接相关设备

1. 会议室语音、视频系统设备组装、连接工作流程图（图2—3—1）

表 2—3—1　　布线具体操作与工艺要求

序号	操作步骤	操作示意图	操作要点	注意事项
1	布线前的准备	①根据施工要求确定走线位置 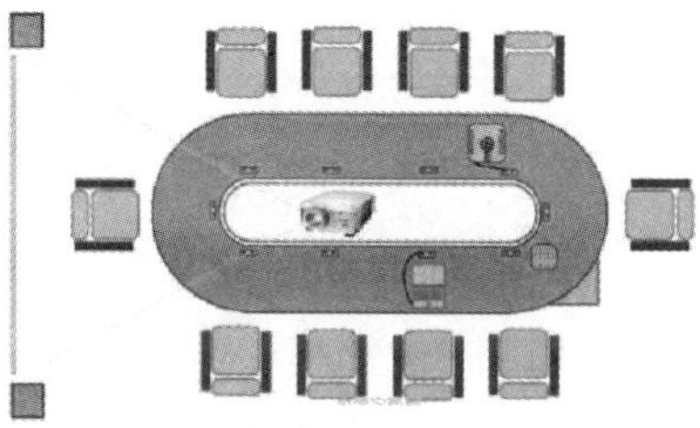	（1）音箱的走线要求：______ ______ （2）投影仪放置（高度、水平位置）：______ ______ （3）配电插座数量与位置：______ ______	（1）所有走线要水平或垂直 （2）长的音箱线（配电级）要多留 1.5 m 长度，短的多留 1 m 长度 （3）准备线槽总长度要多出测量总长度 20% （4）所用钻头、胶柱与螺钉要配套使用
		②裁好所需线槽、音箱线与电源线 	（1）各音箱线长度分别为______ ______ （2）线槽总长度与规格：______ ______ （3）配电线总长度与规格：______ ______	
		③选择并装配好冲击钻钻头，准备好所需的配件与工具 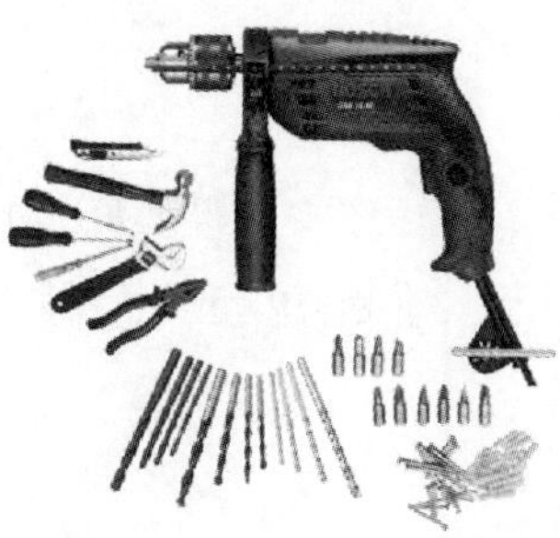	（1）钻头使用规格为______，要钻入的深度为______ （2）常用胶柱的规格为______ （3）使用螺钉的规格为______	

续表

<table>
<tr><th>序号</th><th>操作步骤</th><th>操作示意图</th><th>操作要点</th><th>注意事项</th></tr>
<tr><td rowspan="3">2</td><td rowspan="3">安装所有线槽并放置好音箱线与配电线</td><td>①画出敷设线槽的水平线与垂直线

</td><td>画水平线的方法：____</td><td>气泡一定要在刻度的中间，注意查看、思考激光水平仪的优点</td></tr>
<tr><td>②使用冲击钻打孔并放置胶柱
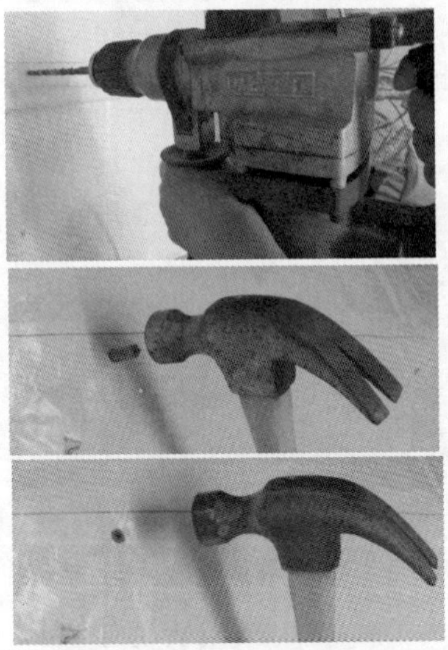</td><td>（1）使用冲击钻打孔的操作顺序：____________________________
（2）固定线槽的两个孔孔距在______范围内</td><td>（1）打孔的深度要稍长于胶柱
（2）多出的胶柱要用介刀去掉</td></tr>
<tr><td>③用螺钉固定线槽
</td><td>不要拧得过紧，防止螺钉溢扣</td><td>螺钉的长度既不能过短，也不能过长，且要小于打孔的深度</td></tr>
</table>

续表

序号	操作步骤	操作示意图	操作要点	注意事项
2	安装所有线槽并放置好音箱线与配电线	④放置音箱线与配电线 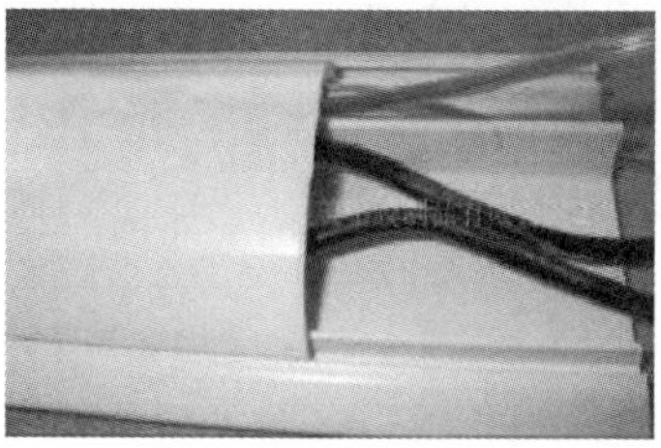	音箱线与配电线的末端要留有一定的活动长度用于接线，音箱线预留______为宜，配电线预留______为宜	音箱线与配电线尽可能分开放置，避免干扰
3	安装电源插座并接好线	接好电源插座线并拧紧插座螺钉 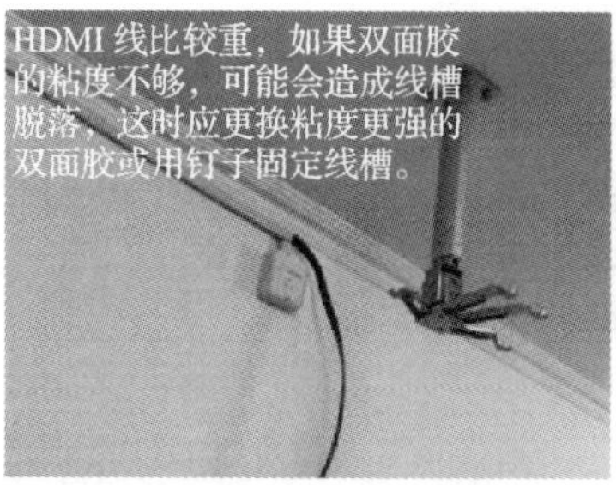	火线（红）接反转插座的______接线端，零线（蓝）接反转插座的______接线端，地线（黄绿线）接反转插座的______接线端	电源插座尽量靠近设备。避免走线过长，影响美观

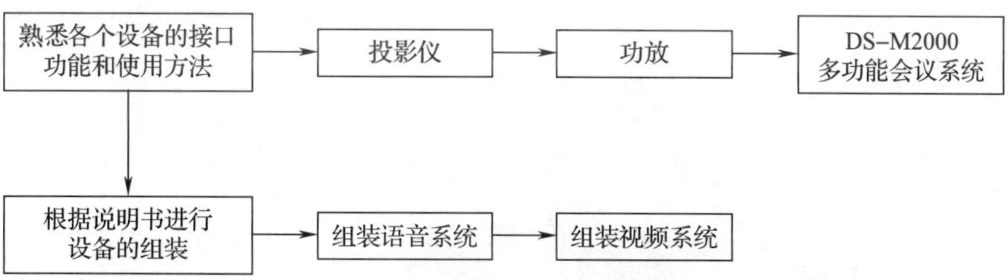

图 2—3—1　会议室语音、视频系统设备组装、连接工作流程图

2. 识别 DS－M2000 多功能会议系统、投影仪、无线麦克风等设备接口的英文标识及其功能（表 2—3—2）。

表 2—3—2　　各设备接口的英文标识及其功能

<table>
<tr><th>项目</th><th>各设备输入、输出端子图</th><th>英文标识</th><th>含义</th></tr>
<tr><td rowspan="6">DS－M2000
多功能会议
系统</td><td rowspan="6"></td><td>MIC</td><td></td></tr>
<tr><td>AUX</td><td></td></tr>
<tr><td>MONITOR</td><td></td></tr>
<tr><td>MASTER</td><td></td></tr>
<tr><td>UINT. vol</td><td></td></tr>
<tr><td>Power led</td><td></td></tr>
<tr><td rowspan="11">投影仪</td><td rowspan="11"></td><td>RS－232</td><td></td></tr>
<tr><td>COMPONENT</td><td></td></tr>
<tr><td>S－VIDEO</td><td></td></tr>
<tr><td>AUDIO</td><td></td></tr>
<tr><td>VIDEO</td><td></td></tr>
<tr><td>MINI－B</td><td></td></tr>
<tr><td>TYPE－A</td><td></td></tr>
<tr><td>VGA－OUT</td><td></td></tr>
<tr><td>MIC</td><td></td></tr>
<tr><td>DC－12V</td><td></td></tr>
<tr><td>AUDIO－IN</td><td></td></tr>
<tr><td rowspan="2">无线麦克风</td><td rowspan="2">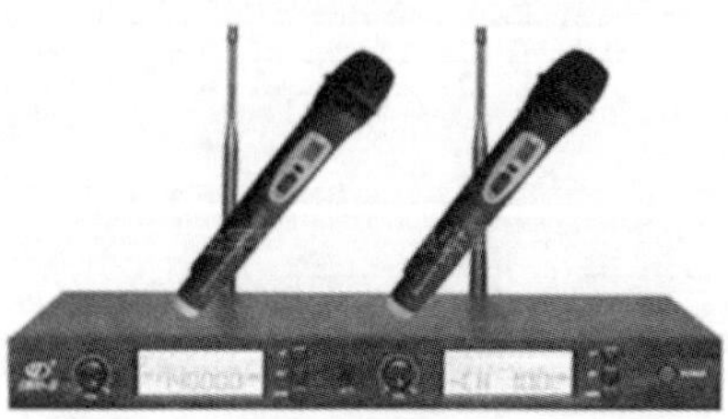</td><td>DC</td><td></td></tr>
<tr><td>MIC－OUT</td><td></td></tr>
</table>

3. 分析图 2—1—3 所示会议室设备走线图，进行信号线路的连接。

4. 参考简易会议室语音、视频系统线路框图（图 2—3—2），绘制会议室设备结构图。

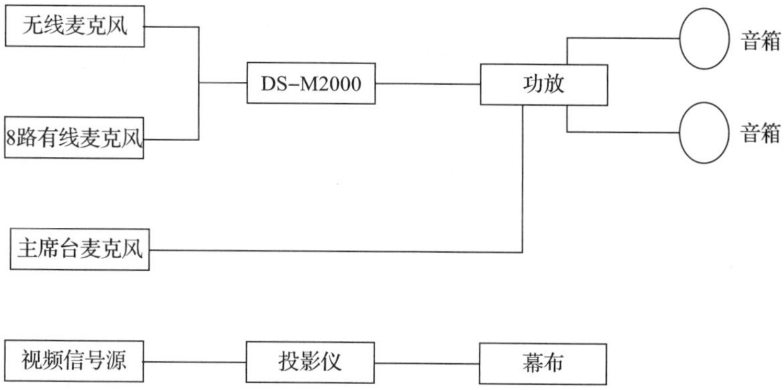

图 2—3—2　简易会议室语音、视频系统线路框图

会议室设备结构图：

评价与分析

根据每个小组成员在本活动学习过程中的表现情况填写《学习任务过程性考核记录表》。

学习活动4　通电调试与交付验收

学习目标

1. 能使用视、听等简单的方法对系统质量及功能进行检测，减小回响与自激。

2. 能通过对语音系统各个信道的音量、混响度、音色、回响度等参数进行调整，使整个系统语音清晰、明亮。

3. 能通过调整投影仪，使画面显示清晰。

4. 能自检线路，并通电试机，排查会议室语音、视频系统的常见故障。

5. 能规范填写验收单，与他人合作，有效沟通。

6. 能按照现场6S管理规范清点与维护工具，整理工作现场。

建议学时　24学时。

学习过程

一、通电试机，排查所有可能出现的故障

1. 通电前检查系统接线与配电（表2—4—1）

表2—4—1　检查系统接线与配电

序号	检查项目	图示	注意点
1	检查会议桌上的麦克风是否依次用T形线进行连接	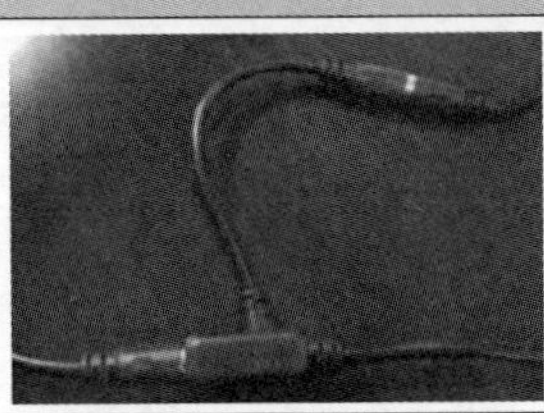 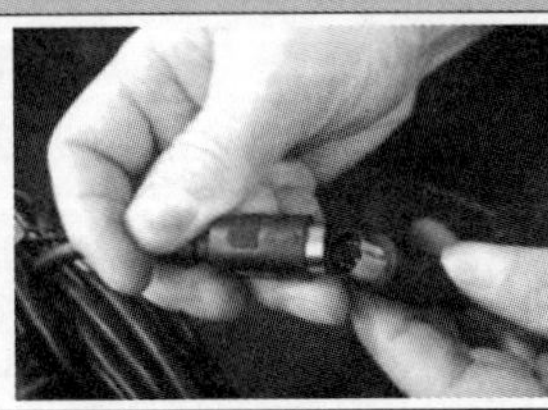	需要从线头依次进行排查

续表

序号	检查项目	图示	注意点
2	检查会议桌上的麦克风输出线是否成功接到DS－M2000多功能系统麦克风输入端	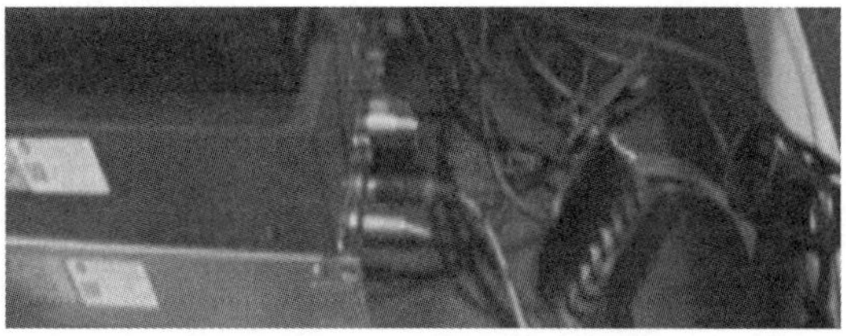	DS－M2000多功能系统输入端一共有4个接口，可以带32路麦克风，注意接法
3	检查无线麦克风接收机是否通过卡侬接头接入DS－M2000多功能系统	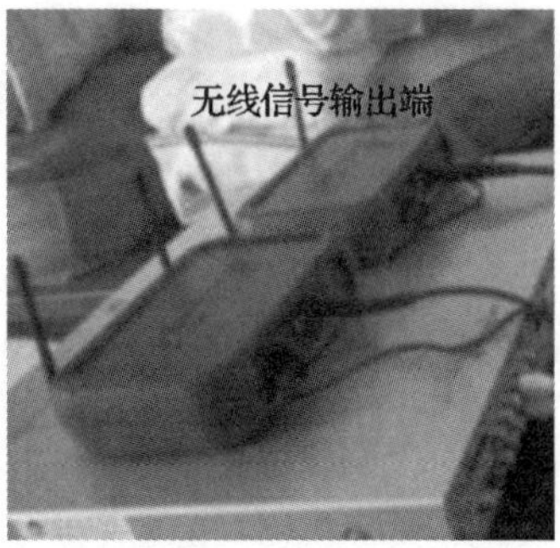	无线麦克风接收机信号输出连接至DS－M2000多功能系统主机输入端
4	检查DS－M2000多功能系统信号输出端是否成功接入功放，并确定接入的是哪一路		要记清楚信号是从哪一路输入功放的，然后在前面板选择相应的通路
5	检查功放上的各个旋钮是否旋至最小		主要把主音量旋钮逆时针旋到底，防止在开机调试时发生过流和系统自激、啸叫

续表

序号	检查项目	图示	注意点
6	检查投影仪的信号线和音频线接插是否正确，是否引出至主席台	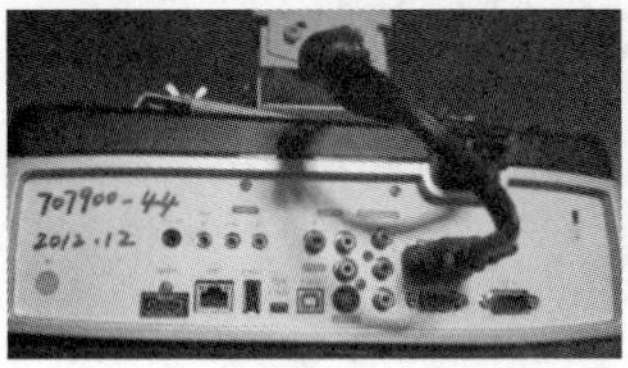 	投影仪上的信号线和音频线都需要引出来，连接至计算机。网线是为方便上网特别提供的
7	检查所有音像设备的配电安全	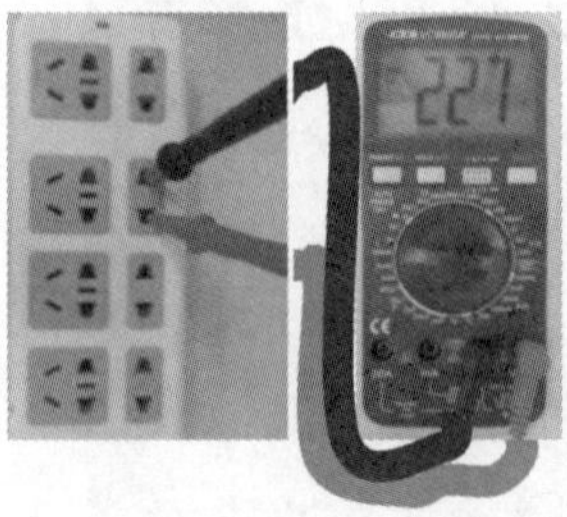 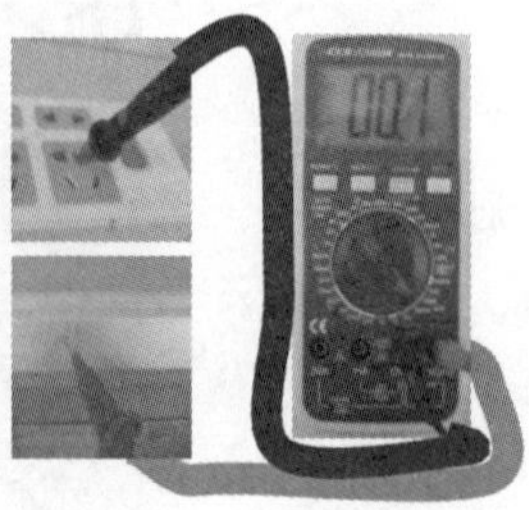	主要检查插座是否左零右火，设备的外壳是否与插座地线相接

2．接通电源进行试机操作（表2—4—2）

表2—4—2　接通电源进行试机操作

序号	操作次序	图示	注意点
1	打开功放电源		（1）音量要从小到大慢慢提升，也不能过大 （2）当提升到一半音量时仍没有声音就不要再提升音量，要查找故障原因
2	打开主席台麦克风开关		
3	选择相应的信号输入端		
4	打开DS－M2000系统电源		
5	打开无线麦克风接收机		
6	打开无线麦克风		
7	打开投影仪电源，连接计算机进行画面大小、清晰度调整		

小提示

音响系统的调试是工程调试的关键，音响系统涉及的设备最多，调试的部位也最多，遇到的问题也可能最多，所以要首先集中精力完成它。需要准备的仪器和工具：相位仪、噪声发生器、频谱仪（含声级计）、万用表等。

调试的步骤如下：

单独开机，从音源开始逐步检查信号的传输情况。只有信号在各个设备中传输良好，功放和音箱才能得到一个正常（即经过正确处理）的信号，才可能有好的扩声质量。在做这一步工作时，一定要有耐心、认真仔细。检查前要确保音箱、功放及周边处理设备处于旁路状态。检查时顺着信号的去向，逐步检查其电平设置、增益、相位及畅通情况，保证各个设备都能得到前级设备提供的最佳信号，也能为下级设备提供最佳信号。在检查信号的同时，还应逐一观察设备的工作是否正常，是否稳定，其意义在于，单台设备在这时出现故障或不稳定，处理起来比较方便，也不会危及其他设备的安全，因此，这项检查不要带入下一步进行。上述检查无误后，将音箱和功放逐一接入系统，在较小的音量下，利用相位仪首先逐一检查所有立场箱的相位是否一致，为后面的调试做好准备。

麦克风和效果器的调试。对于麦克风的调试，可以分类进行：人声用有线麦克风只要没有可闻的线路噪声，音质正常即可，在其有效活动范围内的声反馈可以利用频谱仪进行频率监测，并做好相应频率和位置的记录；乐器用有线麦克风必须和乐队配合调试，并做好各乐器使用麦克风的型号和拾音距离的记录。无线麦克风的调试要注意以下几点：天线位置合理，麦克风使用时出现死点的位置，接收机的信号电平增益适中，降噪微调的最佳位置要反复寻找等。

对于效果器的调试，原则是保证其输入信号增益能使效果器得到较好动态的声音信号，并且要留有一定的裕量，效果混合信号输出要根据需求来设置。

3．分析、排查安装系统故障（表2—4—3）

表 2—4—3　　　　分析、排查安装系统故障

<table>
<tr><th>故障现象</th><th>分析故障（写出故障排查的顺序）</th><th>图示</th><th>注意点</th></tr>
<tr><td>打开所有设备电源，无声、无图、无电源指示</td><td></td><td>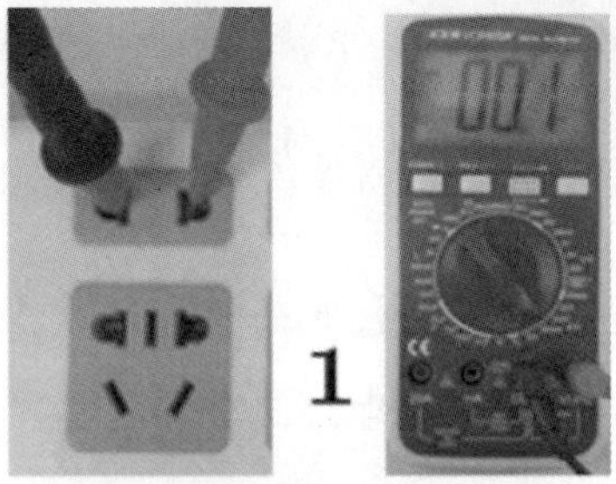
1
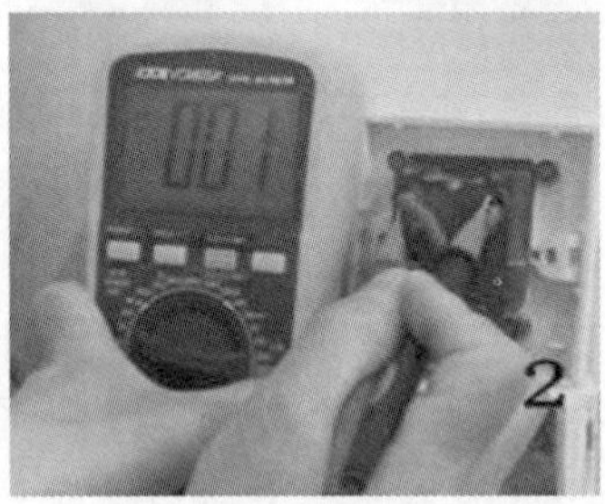
2</td><td rowspan="3">检查故障时应先考虑配电故障，再考虑信号线故障，然后考虑终端设备信号设置是否正确，如音箱、电视机输入信号设置，功放输入信号设置，所有设置均正确后再考虑其故障</td></tr>
<tr><td>投影无图像显示</td><td></td><td></td></tr>
<tr><td>主席台麦克风无声音</td><td></td><td></td></tr>
</table>

续表

故障现象	分析故障（写出故障排查的顺序）	图示	注意点
会议桌上的麦克风无声音			
无线麦克风无声音		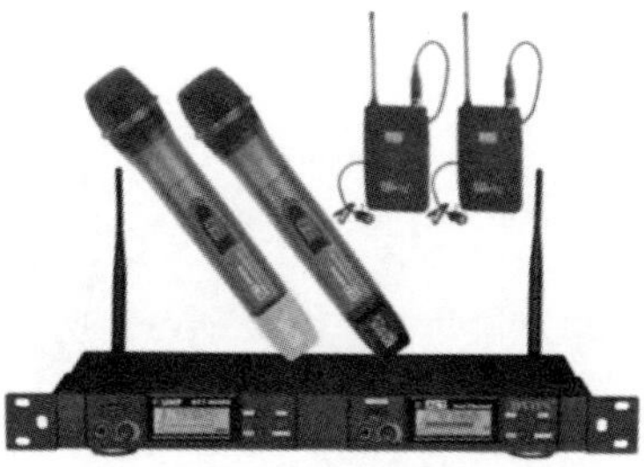	
会场声音偏小（整个会场的声音偏小，调节功放旋钮效果改善不明显）		—	

二、参考图 2—4—1 所示的音箱摆放位置，绘制本任务的音箱放置图

图 2—4—1 会议室投影幕布和音箱排列

音箱放置图：

三、进行角色扮演——验收工程

工程验收时，使用角色扮演的方法，学生介绍整个工程完工情况，并演示效果给教师看，品评整个系统的音像质量，教师为客户提出工程上可能存在的问题，引导学生对存在的问题做出解释和处理，并做好记录。

1. 学生角色

（1）介绍整个系统使用的材料质量与施工质量：如介绍系统配置参数，信号布线、配电安装使用的材料参数。

（2）演示整个系统的音像效果给教师看，品评整个系统的音像质量，讲解并演示系统的各个功能。

（3）解释“客户”提出的工程上存在的问题和后期的处理方法。

（4）填写验收记录单（表 2—4—4）。

表 2—4—4　　验收记录单

序号	验收中存在的问题	改进和完善措施	完成时间	备注
1				
2				
3				
4				
5				

2. 客户（教师）角色

（1）检查施工质量与工艺，询问工程使用的物料与参数、保修期限等。

（2）要求学生演示系统的各个功能，并根据实际情况多提出疑问，锻炼学生的应变能力及对所学知识的应用能力。

四、工程验收与评分

1. 学生填写工程验收单

补充填写学习活动 1 的工作任务联系单，一式两份，客户（教师）签字确认并盖章。

2. 会议室语音、视频系统验收标准及评分（表 2—4—5）

表 2—4—5　　　　系统验收标准及评分表

<table>
<tr><th colspan="3" rowspan="2">验收项目</th><th rowspan="2">验收标准</th><th rowspan="2">分值</th><th colspan="4">评分</th></tr>
<tr><th>自我评价</th><th>小组互评</th><th>客户评价</th><th>备注</th></tr>
<tr><td rowspan="3">1</td><td rowspan="3">工程安装</td><td>电气布线工艺</td><td>（1）整体布局合理、整齐、美观
（2）系统接线正确、牢固，无短路隐患，预留的接线长度合适</td><td>20 分</td><td></td><td></td><td></td><td></td></tr>
<tr><td>接线制作工艺</td><td>（1）制作的接线不能有毛刺，牢固、美观
（2）制作的接线长度要适当</td><td>10 分</td><td></td><td></td><td></td><td></td></tr>
<tr><td>设备放置</td><td>（1）设备放置整体布局合理、整齐、美观
（2）投影仪和幕布安装牢固、位置合理
（3）各音箱放置合理、美观、牢固、高度合适</td><td>10 分</td><td></td><td></td><td></td><td></td></tr>
<tr><td rowspan="2">2</td><td rowspan="2">系统性能</td><td>音响性能</td><td>（1）会议麦克风、主席台麦克风、无线麦克风、各音箱能正常工作
（2）能播放出最好的环绕声效果，整个会场声音清晰、通透、无回音</td><td>20 分</td><td></td><td></td><td></td><td></td></tr>
<tr><td>画面性能</td><td>（1）投影仪的各参数处于最佳值，画质最佳
（2）投影仪的走线合理、人性化</td><td>20 分</td><td></td><td></td><td></td><td></td></tr>
<tr><td>3</td><td>安全文明施工</td><td colspan="2">（1）安全用电，操作符合安全规范，具有良好的操作习惯
（2）工作环境整洁、秩序井然
（3）爱护工具，用完工具要物归原位，符合 6S 管理</td><td>20 分</td><td></td><td></td><td></td><td></td></tr>
<tr><td colspan="4">合计</td><td>100 分</td><td></td><td></td><td></td><td></td></tr>
<tr><td colspan="9">总评：自我评价 ×20% + 小组互评 ×20% + 客户评价 ×60% =</td></tr>
</table>

五、按照现场 6S 管理规范清点与维护工具，整理工作现场

根据领用单清点所有工具，检查其是否有损坏，若无损坏应交还到收发处，若有损坏应及时提出。同时整理用剩下的元器件及材料并交还到收发处，清洁现场。规范填写元器件、材料及工具归还清单（表 2—4—6）。

表 2—4—6　　　　　　　　元器件、材料及工具归还清单

序号	元器件、材料及工具名称	型号及规格	数量	备注
1				
2				
3				
4				
5				
6				
7				
8				
客户或负责人 （签字）	年　月　日	团队负责人 （签字）		年　月　日

评价与分析

根据每个小组成员在本活动学习过程中的表现情况填写《学习任务过程性考核记录表》。

学习活动5　工作总结与评价

学习目标

1. 能按分组情况，选派代表用PPT展示本组工作成果，并进行自我评价与小组评价。

2. 能结合任务完成情况，正确规范地撰写工作总结（心得体会）。

3. 能对本任务中出现的问题进行分析，并提出改进措施和方法。

建议学时　12学时。

学习过程

一、个人、小组评价

以小组为单位，选择演示文稿、展板、海报、视频等形式中的一种或几种，向全班展示、汇报制作成果。在展示的过程中，以小组为单位进行评价；评价完成后，根据其他小组成员对本组展示成果的评价意见进行归纳总结。

二、听取教师评价

认真听取教师对本小组展示成果优缺点以及工作过程中亮点和不足的评价意见，并做好记录。

1．教师对本小组展示成果优点的点评。

2．教师对本小组展示成果缺点以及改进方法的点评。

3．教师对本小组整个任务完成中出现的亮点和不足的点评。

三、工作过程回顾及总结

1．总结完成本学习任务过程中遇到的问题和困难，列举 2～3 点你认为比较值得和其他同学分享的工作经验。

2. 回顾本学习任务的工作过程，对新学专业知识和技能进行归纳和整理，写一篇字数不少于600字的工作总结。

工作总结

评价与分析

按照“客观、公正和公平”原则，在教师的指导下按自我评价、小组评价和教师评价三种方式对自己或他人在本学习任务中的表现进行综合评价。综合等级按：A（90～100）、B（75～89）、C（60～74）、D（0～59）四个级别进行填写，见表2—5—1。

表2—5—1　学习任务综合评价表

<table>
<tr><th rowspan="2">考核项目</th><th rowspan="2">评价内容</th><th rowspan="2">配分</th><th colspan="3">评价分数</th></tr>
<tr><th>自我评价</th><th>小组评价</th><th>教师评价</th></tr>
<tr><td rowspan="6">职业素养</td><td>劳动保护用品穿戴完备，仪容仪表符合工作要求</td><td>5分</td><td></td><td></td><td></td></tr>
<tr><td>安全意识、责任意识、服从意识强</td><td>6分</td><td></td><td></td><td></td></tr>
<tr><td>积极参加教学活动，按时完成各项学习任务</td><td>6分</td><td></td><td></td><td></td></tr>
<tr><td>团队合作意识强，善于与人交流和沟通</td><td>6分</td><td></td><td></td><td></td></tr>
<tr><td>自觉遵守劳动纪律，尊敬师长，团结同学</td><td>6分</td><td></td><td></td><td></td></tr>
<tr><td>爱护公物，节约材料，管理现场符合6S标准</td><td>6分</td><td></td><td></td><td></td></tr>
<tr><td rowspan="3">专业能力</td><td>专业知识扎实，有较强的自学能力</td><td>10分</td><td></td><td></td><td></td></tr>
<tr><td>操作积极，训练刻苦，具有一定的动手能力</td><td>15分</td><td></td><td></td><td></td></tr>
<tr><td>技能操作规范，注重安装工艺，工作效率高</td><td>10分</td><td></td><td></td><td></td></tr>
<tr><td rowspan="2">工作成果</td><td>项目安装符合工艺规范，产品功能满足要求</td><td>20分</td><td></td><td></td><td></td></tr>
<tr><td>工作总结符合要求，产品制作质量高</td><td>10分</td><td></td><td></td><td></td></tr>
<tr><td colspan="2">总分</td><td>100分</td><td></td><td></td><td></td></tr>
<tr><td>总评</td><td>自我评价×20%＋小组评价×20%＋教师评价×60%＝</td><td>综合等级</td><td colspan="3">教师（签名）：</td></tr>
</table>

学习任务三　舞台灯光音响系统的安装与调试

学习目标

1. 了解舞台灯光音响系统的种类、组成及功能特点。

2. 能制订工作计划，对整项工作做出合理的时间安排。

3. 能根据任务要求确定设备放置位置与布线方案，明确施工步骤。

4. 能正确填写领料单并领料，核对清单，检验各器件和工具的品质及数量。

5. 能识别各组成设备接口的中、英文标识。

6. 能根据设备接口要求制作各种连接线，并能规范进行各接口之间的连接。

7. 能正确识读舞台灯光音响系统的安装施工图，按照施工安全规程与工艺要求完成整个系统的安装。

8. 能使用视、听等简单的方法对系统音质与各灯光功能进行检查，减少回响与自激。

9. 能通过操作调音台，判断各路输入信号是否正常。

10. 能排查舞台灯光音响系统的常见故障。

11. 能规范填写验收单，并按照现场6S管理规范清点与维护工具，整理工作现场。

12. 能分析舞台灯光音响系统的优缺点，完成工作总结、成果汇报等工作。

建议学时

84学时

工作情境描述

某校准备举行文艺晚会，现委托某电子设备安装公司在学校操场内搭建一个具有灯光音响的舞台，要求能满足 3 000 人同时欣赏表演节目，属中型规模舞台灯光音响系统，15 个工作日完成，经验收合格后交付使用。

工作流程与活动

1. 明确工作任务，勘察施工现场（12 学时）
2. 安装前的准备（12 学时）
3. 现场安装（30 学时）
4. 通电调试与交付验收（24 学时）
5. 工作总结与评价（6 学时）

学习活动 1　明确工作任务，勘察施工现场

学习目标

1. 能明确任务要求，正确填写工作任务联系单。

2. 了解带有投影的舞台灯光音响系统的种类、组成及功能特点。

3. 能制订工作计划，对整项工作做出合理的时间安排。

4. 能查询相关国家标准，了解标准规范的具体内容，并指导工程实施。

建议学时　12 学时。

学习过程

一、阅读工作任务联系单，明确任务要求

阅读工作任务联系单（表 3—1—1），说出本次任务的工作内容、时间要求等基本信息，并补充表中的相关内容。

表 3—1—1　　工作任务联系单

施工单位		施工时间	年　月　日至　年　月　日
施工负责人		施工人员	
施工内容	选购相关器材，安装舞台灯光音响系统		
施工方案简述	1. LED 帕灯采用专用支架安装，摇头灯落地安装 2. 主音箱采用音箱支架安装，副音箱落地安装 3. 功放、无线麦克风安放于音响柜内，调音台、灯光控制器安放于控制支架上 4. 所有线缆接头按标准制作，线缆敷设符合安全要求		

续表

工作要求	严格按照施工安全规范文明施工，实现施工内容的要求与性能要求（含6S管理）		
派工人员		派工时间	
验收意见			
验收人员		验收时间	

1. 该项工作的施工地点是：______________________________。

2. 该项工作的开始与完成验收时间是：______________________________，合计施工总工时：______________________________。

3. 该项工程出包方对施工方案的要求：

4. 该项工程验收时的性能要求（参考工作情境描述中的要求）：

5. 该项任务交给你和同组人，则你们的角色是________________人员（单位）。

6. 该项工作完成后应交给______________进行验收。验收意见应由________________填写。

7. 使用工作任务联系单的目的是____。

二、查阅相关资料，了解舞台灯光音响系统的种类、组成及特点

1. 舞台灯光音响系统具备哪些功能？

2. 舞台灯光音响系统由哪几个子系统组成？各包含哪些设备？

3. 分析图 3—1—1、图 3—1—2 各是哪个子系统，并在方框中填写相关设备的名称。

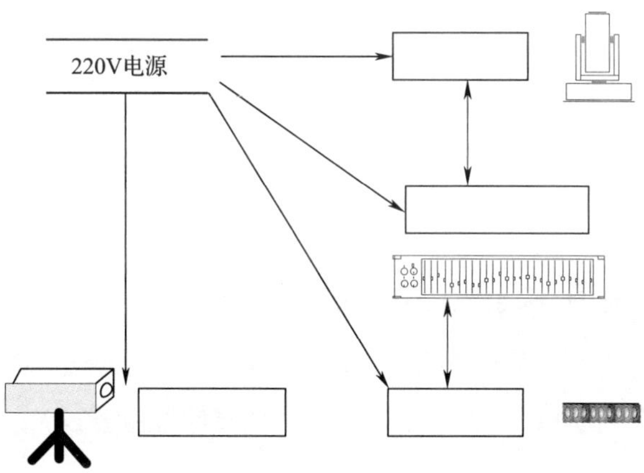

图 3—1—1　＿＿＿＿＿＿子系统组成图

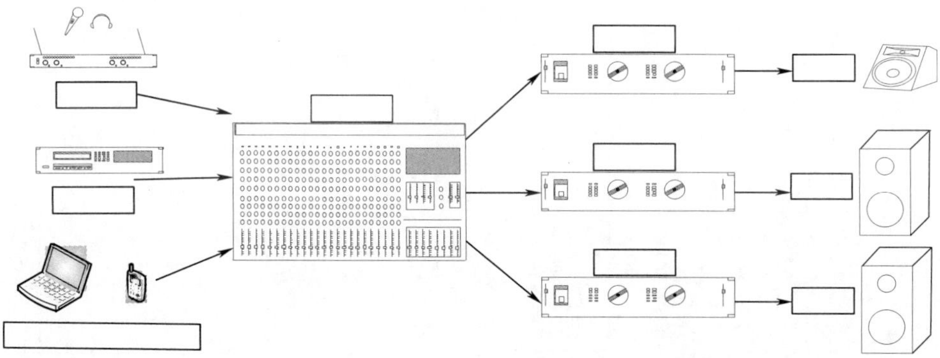

图 3—1—2　＿＿＿＿＿＿子系统组成图

三、了解舞台灯光音响系统的设计标准

表 3—1—2 中列出了与本学习任务相关的国家标准，查阅资料了解标准名称、颁布年份及主要内容。

表 3—1—2 相关国家标准

序号	标准号	标准名称	颁布年份	备注
1	GB 7000. 217—2008			
2	WH/T 38—2009			
3	WH/T 26—2007			
4	WH/T 17—2003			
5	DIN 56905—2005			
6	DIN 56930—2000			
7	GB 50949—2013			
8	GY 5055—2008			
9	WH/T 39—2009			
10	GB/T 28047—2011			
11	GB 50054—2011			
12	GY 5045—2006			
13	GB/T 13582—1992			
14	GB/T 14218—1993			

四、勘察施工现场，制订工作计划

1. 阅读系统施工图，分析设备安装位置。

根据系统施工图（图 3—1—3），分析本工程需要哪些主要设备、分别应安装于什么位置，填入表 3—1—3 中。

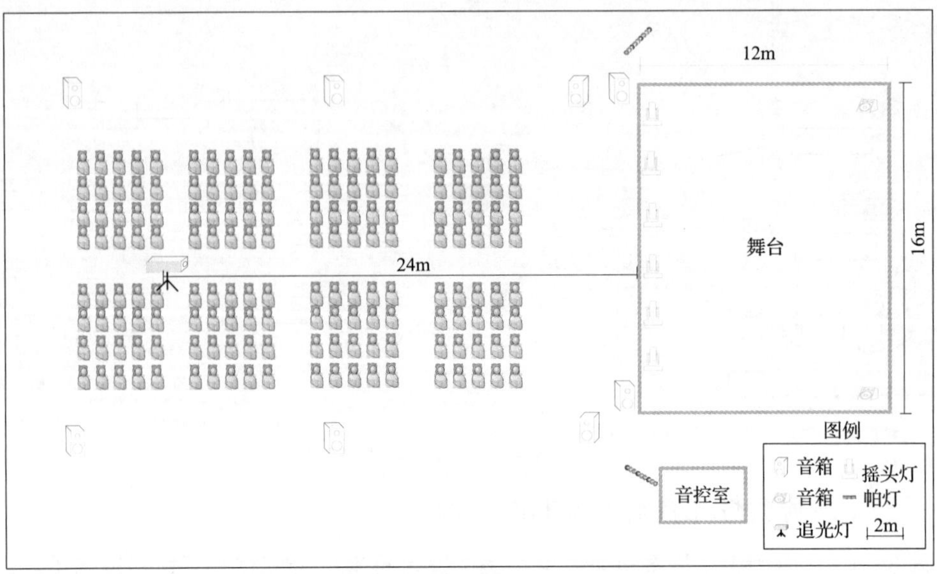

图 3—1—3 舞台灯光音响系统施工图

表 3—1—3　主要设备及安装位置

序号	设备名称	数量	安装位置
1			
2			
3			
4			
5			
6			
7			

2. 根据所掌握的相关知识，补充施工图纸中未画出的设备。

图 3—1—3 中并未画出舞台灯光音响系统所需的全部设备，根据个人所掌握的相关知识，小组讨论：本工程还需要哪些设备，应安装在什么位置，并将相关信息填入表 3—1—4 中。

表 3—1—4　补充设备及安装位置

序号	设备名称	数量	安装位置
1			
2			
3			
4			
5			
6			

3. 在施工图中初步规划舞台灯光音响系统所需的音箱线、信号线、电源线的布线方案，分析计算每种线材的大概长度。

4．制订工作计划

勘察施工现场实际环境，在初步了解舞台灯光音响系统组成结构的基础上，制订本小组的工作计划（表3—1—5）。

表3—1—5　　工作计划表

<table>
<tr><td>团队名称</td><td></td><td>团队编号</td><td></td><td>任务名称</td><td></td><td>任务起止日期</td><td colspan="2"></td></tr>
<tr><td>步骤</td><td>项目名称</td><td colspan="4">工作内容</td><td>预计施工日期</td><td>预计工时</td><td>备注</td></tr>
<tr><td>1</td><td></td><td colspan="4"></td><td></td><td></td><td></td></tr>
<tr><td>2</td><td></td><td colspan="4"></td><td></td><td></td><td></td></tr>
<tr><td>3</td><td></td><td colspan="4"></td><td></td><td></td><td></td></tr>
<tr><td>4</td><td></td><td colspan="4"></td><td></td><td></td><td></td></tr>
<tr><td>5</td><td></td><td colspan="4"></td><td></td><td></td><td></td></tr>
<tr><td>6</td><td></td><td colspan="4"></td><td></td><td></td><td></td></tr>
<tr><td>7</td><td></td><td colspan="4"></td><td></td><td></td><td></td></tr>
</table>

教师审核意见：

教师（签名）：________　　制订计划人（签名）：________

年　　月　　日

评价与分析

根据每个小组成员在本活动学习过程中的表现情况填写《学习任务过程性考核记录表》。

学习活动2　安装前的准备

学习目标

1. 能根据舞台灯光音响系统设备实物图，指出其对应的名称、型号、主要参数和功能。

2. 能识别各组成设备接口的中、英文标识。

3. 能正确识读舞台灯光音响系统的安装施工图，并制订合适的方案。

4. 能正确填写领料单并领料，核对清单，检验各器件和工具的品质及数量。

建议学时　12学时。

学习过程

一、认识舞台灯光音响系统中的设备

表3—2—1给出了舞台灯光音响系统搭建任务中需要用到的设备图片，通过阅读使用说明书、识读设备铭牌、查阅资料等方法，将其补充完整。

表3—2—1　舞台灯光音响系统设备表

序号	设备名称	设备型号	设备图片	主要参数	功能说明
1			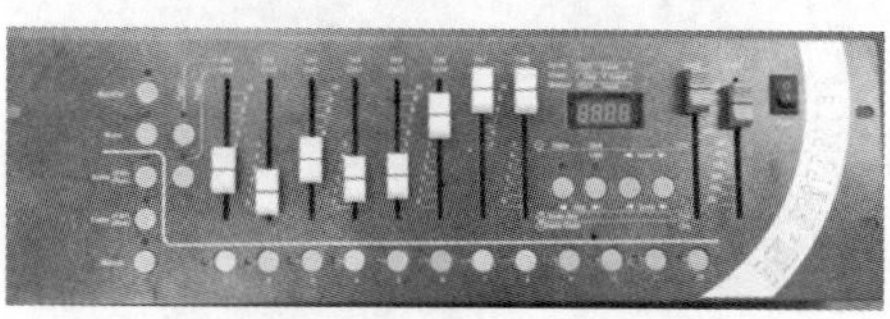		

续表

序号	设备名称	设备型号	设 备 图 片	主要参数	功能说明
2					
3			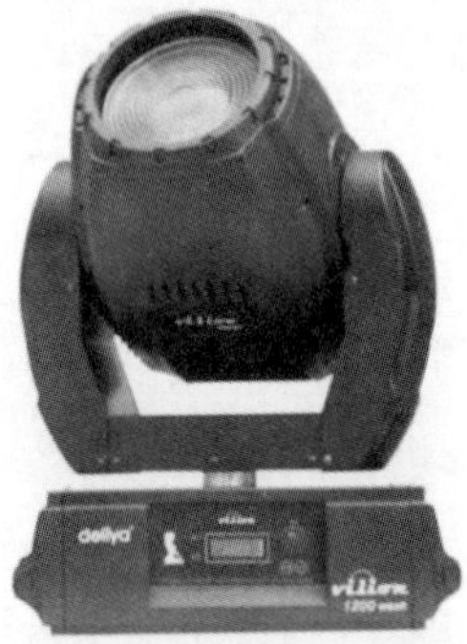		
4					
5					
6					

续表

序号	设备名称	设备型号	设 备 图 片	主要参数	功能说明
7					
8			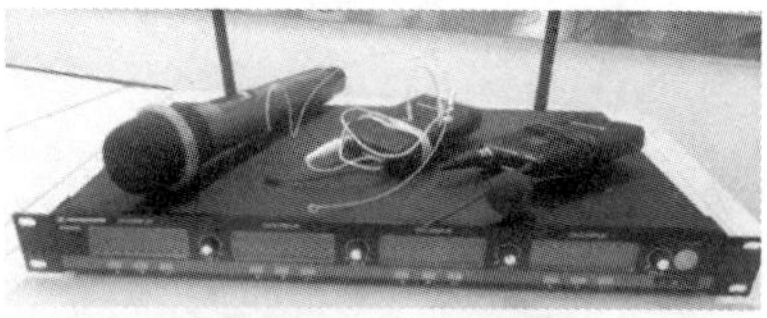		
9					
10					

小组讨论，表 3—2—1 中的设备，哪些是与灯光照明相关的，哪些是与音响扩声系统相关的。

二、识读各设备接口定义

1．查阅词典或其他文献资料，指出表 3—2—2 中的英文标识在舞台灯光音响系统中的含义，以及通常出现在哪些设备接口处。

表 3—2—2　　舞台灯光音响系统英文标识

英文标识	含义及设备	英文标识	含义及设备
INPUT/IN		PASSIVE	
OUTPUT		BI－AMP	
SIGNAL		AUDIO OUT	
DMX512		BALANCED	

续表

英文标识	含义及设备	英文标识	含义及设备
GROUND		BRIDGE	
DATA -		STEREO	
DATA +		PARALLEL	
LOWCUT		LINE	
SUB WOOFER		MIC	

2. 认真观察灯光控制器、摇头灯、帕灯的数据接口（图3—2—1），总结三种接口各有何特点。

a）

b）

c）

图 3—2—1　三种灯光设备的接口

a）灯光控制器接口　b）摇头灯接口　c）帕灯接口

3. 利用万用表测量三种灯光设备接口引脚与线缆线芯的连接情况，查阅资料了解接口各引脚的功能，完成表 3—2—3。

表 3—2—3　　灯光设备接口引脚功能表

引脚	连接的线芯颜色	功能
1		
2		
3		

小提示

DMX512 接口定义

在灯具调光和控制中，人们大量采用了 DMX512 的控制协议，该协议是由美国剧场技术协会（USITT）于 1986 年 8 月提出的一项能在一对线上传送 512 路可控硅调光亮度信息的标准。DMX512 采用了异步通信方式，每个调光点由 11 位组成，其中有 1 个起始位，8 位调光数据，2 个停止位，每次能传输 512 个调光点。

DMX512 电气接口为 RS－485 接口，物理接口为卡侬 3 芯或 5 芯接口，采用级联方式连接。因此，常用的帕灯和摇头灯都同时具有 1 个 DMX512 输入端口和 1 个输出端口，这主要是为了方便灯具的级联控制。DMX512 接口各针口定义见表 3—2—4。

表 3—2—4　　DMX512 接口各针口定义

针口	导线	信号
1	屏蔽	地/0V
2	内部导体（黑）	数据－
3	内部导体（白）	数据＋
4	内部导体（绿）	备用数据－
5	内部导体（红）	备用数据＋

4. 音响系统以调音台为中心，认真观察调音台的接口面板（图 3—2—2），总结有哪几种接口标准：________________。对比其他音响设备，通过接口粗略分析应该如何与调音台进行连接。

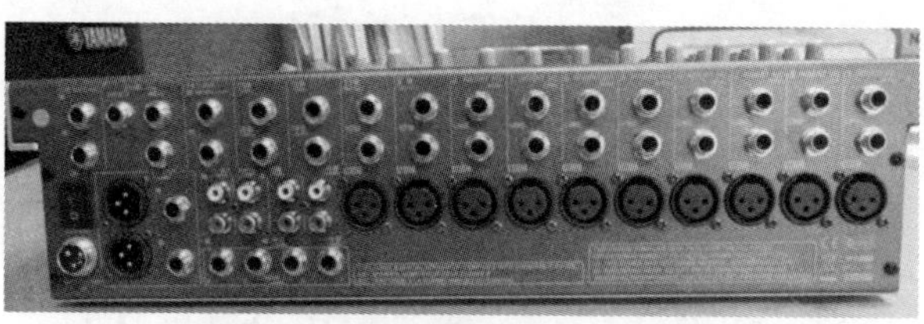

图 3—2—2　调音台的接口面板

查阅调音台说明书，了解其接口功能，将结果填入表 3—2—5 中。

表 3—2—5　　调音台接口识别表

序号	接口名称	英文标识	接口图片	功能说明（连接设备）
1			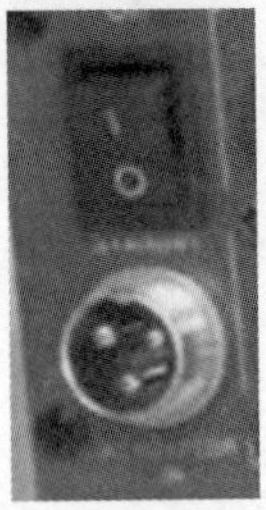	
2			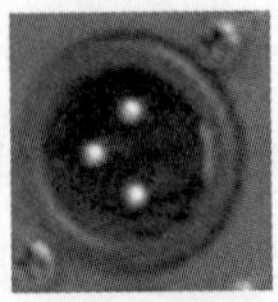	
3			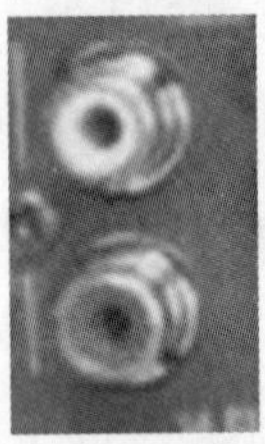	
4				
5			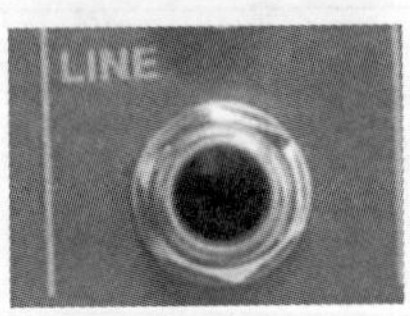	
6				

5. 认识常用音响线材的接头，了解其标准及用途，并对比音响设备端接口，分析每种接头应连接哪些设备，将结果填入表3—2—6中。

表3—2—6　　常用音响线材接头功能表

序号	接头名称	接头图片	引脚说明	连接设备
1				
2				
3				
4				
5				
6				

三、制订系统布线方案

根据系统施工图和对各设备端口的了解，小组讨论制订舞台灯光音响系统的布线方案，并在图 3—2—3 和图 3—2—4 中绘出布线图，要求：

1. 标出线缆的种类、接口；
2. 根据现场勘察数据计算并标出每条线缆的长度。

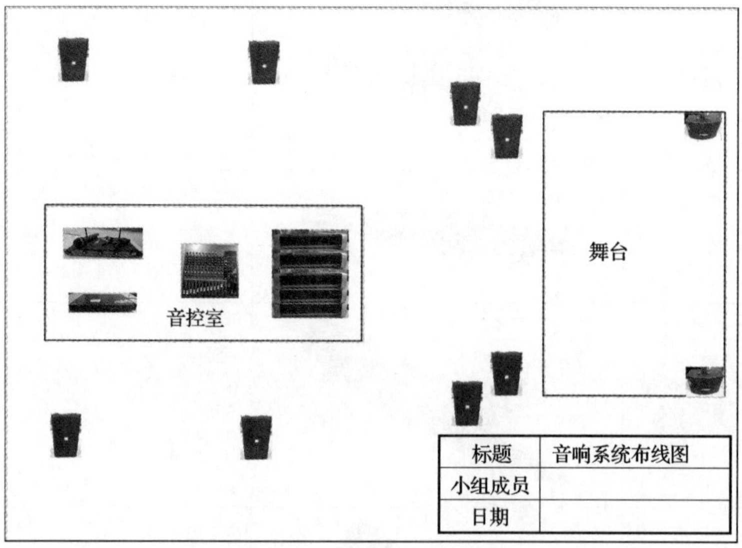

图 3—2—3 音响系统布线图

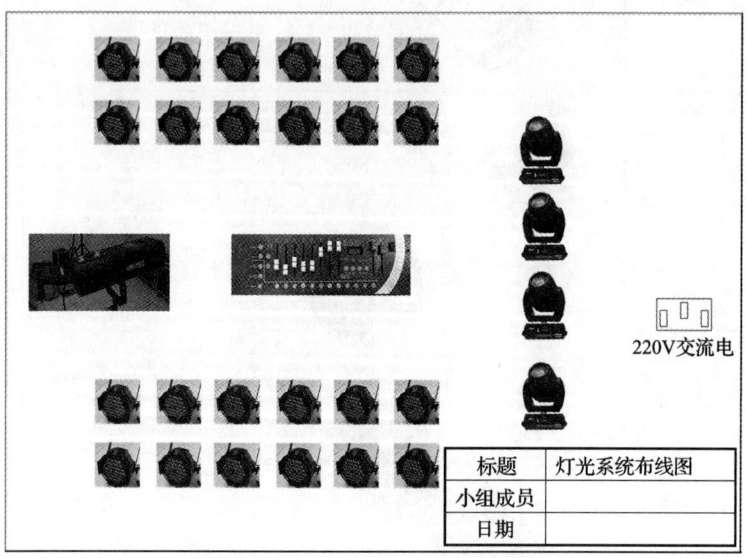

图 3—2—4 灯光系统布线图

小提示

在工作现场，功放、无线麦克风固定在音响柜中，调音台、灯光控制器、DVD 机放在音响柜上，帕灯安装在两套灯架上，音箱、摇头灯等分散摆放在会场。

四、制订系统安装施工方案

根据任务要求，分小组讨论，制订各小组最佳施工方案，并进行人员分工（表 3—2—7）。

表 3—2—7 舞台灯光音响系统安装施工方案

任务名称		工作任务日期（起—止）	方案制订日期		
序号	实施步骤	施工内容与方法	所需资料、材料及工具	负责人	参与人员
1					
2					
3					
4					
5					
6					
7					

教师审核意见：

教师（签名）：__________ 决策人（签名）：__________

年 月 日

五、填写领料单并领料，核对清单，检验各器件和工具的品质及数量（表3—2—8）

表3—2—8　　领料单

序号	材料与工具名称	单位	数量	备注（从外观粗略判断其质量）

评价与分析

根据每个小组成员在本活动学习过程中的表现情况填写《学习任务过程性考核记录表》。

学习活动3　现 场 安 装

学习目标

1. 能根据设备接口要求制作各种连接线，并能规范进行各接口之间的连接。

2. 能按照施工安全规程与工艺要求完成整个系统的安装。

建议学时　30学时。

学习过程

一、制作设备连接线

1. 认识连接线

(1) 了解音频线材名称与用途

常用的音频线材有麦克风线（音频连接线）、音频信号缆和音箱线等。查看表3—3—1中的线材图片，识别其名称，并举例其用途。

表3—3—1　　常用音频线材表

序号	线材名称	线材图片	线芯数量	用途举例
1		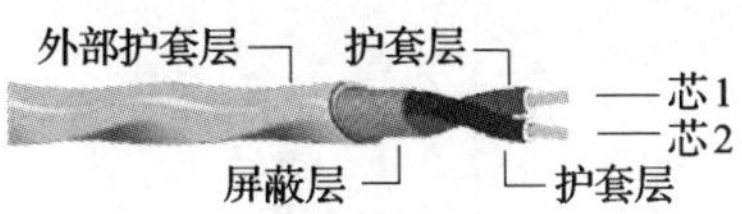		
2		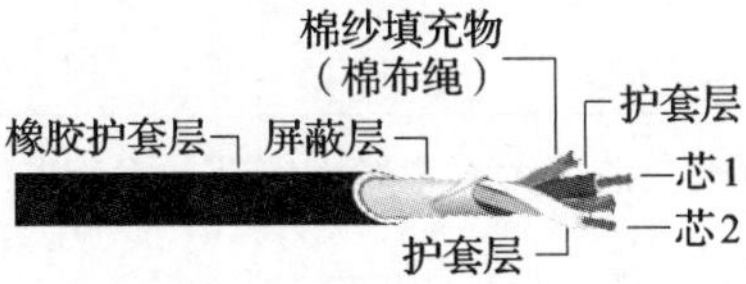		

续表

序号	线材名称	线材图片	线芯数量	用途举例
3		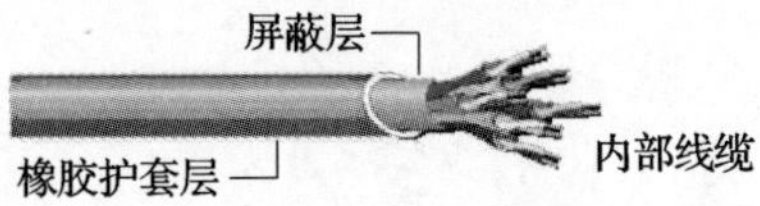		
4				
5				

（2）辨别平衡与非平衡线材

音频插头有平衡和非平衡之分，与之相应焊接好的线材同样也有平衡信号用线材和非平衡信号用线材的区分。将表 3—3—2 中列出的线材分别填到平衡线材、非平衡线材栏中。

表 3—3—2　　　　音频线材分类

平衡线材	非平衡线材
线材：大二芯对大二芯、大二芯对大三芯、大三芯对大三芯、大三芯对莲花、卡侬对大三芯、卡侬对莲花、卡侬对大二芯、莲花对莲花、大二芯对莲花	

小提示

平衡传输与非平衡传输

电信号的传输方式有两种，即对地平衡式与非平衡（单端接地）式。平衡式的信号传输线路不易受外界噪声干扰，非平衡式则易受干扰，所以在专业领域一般都采用平衡传输。在工程中考虑到成本问题，也会选用一些非平衡传输的设备。

平衡传输是一种应用非常广泛的音频信号传输方式。它是利用相位抵消的原理将音频信号传输过程中所受的其他干扰降至最低。平衡传输需要并列的三根导线来实现，即接地、热端、冷端，所以平衡输入、输出插件必须具有3个引脚，如卡侬或大三芯插件。

平衡传输线一般采用二芯一屏蔽层的线，由于热端信号线和冷端信号线在同一屏蔽层内相对距离很近，所以在传输过程中受到的其他干扰信号也几乎相同。然而被传输的热端信号和冷端信号的相位却相反，在下一级设备的输入端把热端信号和冷端信号相减，相同的干扰信号被抵消，被传输信号由于相位相反而不会损失，所以在专业的场合和传输距离比较远的时候，平衡传输有明显的优势。平衡传输对干扰的抑制如图3—3—1所示。

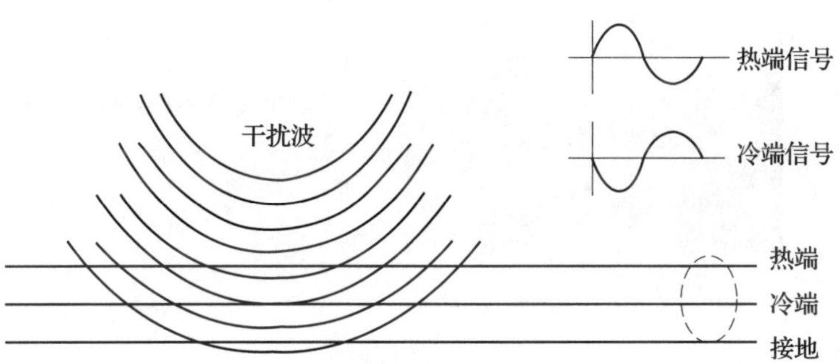

图3—3—1　平衡传输对干扰的抑制

非平衡传输的输入、输出端口一般都使用两个引脚的大二芯连接插件，两个端中一个是信号端，另一个是接地端，在对信号要求不高和近距离传输的场合使用，如家庭音响系统、电子乐器、电吉他等设备。

2. 制作连接线材

（1）卡侬线的制作

其制作过程见表3—3—3。

表 3—3—3　　卡侬线的制作过程

序号	操作步骤	操作示意图	操作要点	注意事项
1	剥线	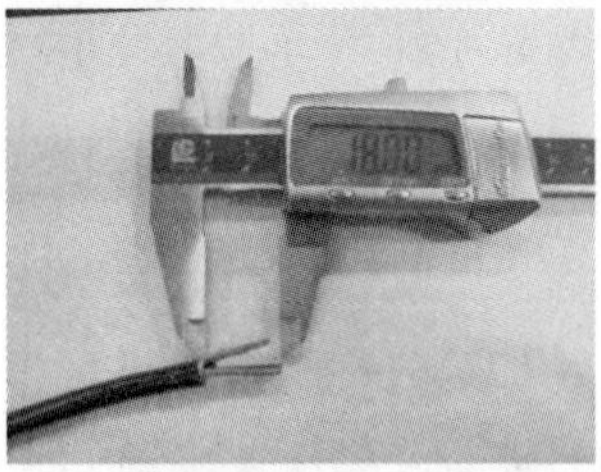 	先用偏口钳在距离一端约____处剥去外层橡胶护套层、剥开屏蔽层、去除棉纱填充物，只留下带护套层的两芯及屏蔽层。再用剥线钳或偏口钳剥去芯线的护套层，露出约____的铜质内芯，再用手将屏蔽层拧扎结实	剥线过程中不可伤及线芯和屏蔽层铜线
2	线材粘锡	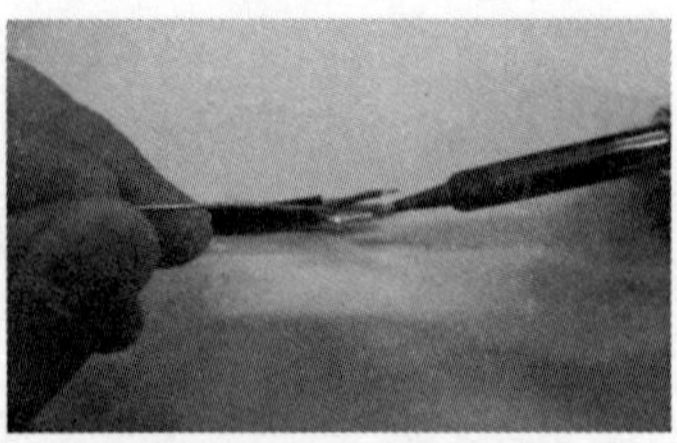	用电烙铁粘焊锡涂抹在线材的______和______	保证屏蔽线上锡后仍具有柔性，要求上锡区域不能延伸到屏蔽层根部
3	热缩管保护	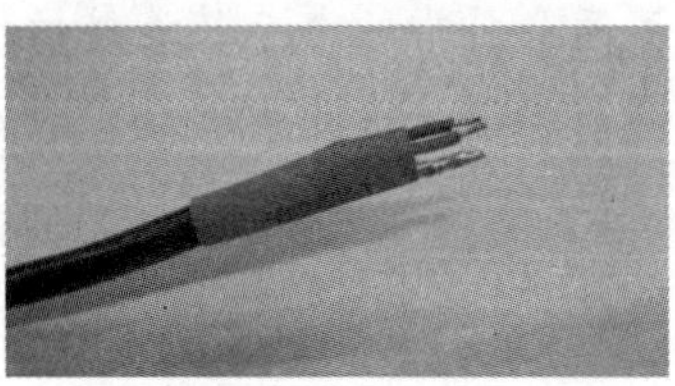	内部焊接线缆需要用热缩管做保护，重点是______和线的______两个部分	线缆护套热缩管长度为 20 mm；屏蔽线热缩管长度为 10 mm

续表

序号	操作步骤	操作示意图	操作要点	注意事项
4	拆卡侬头焊盘并粘锡	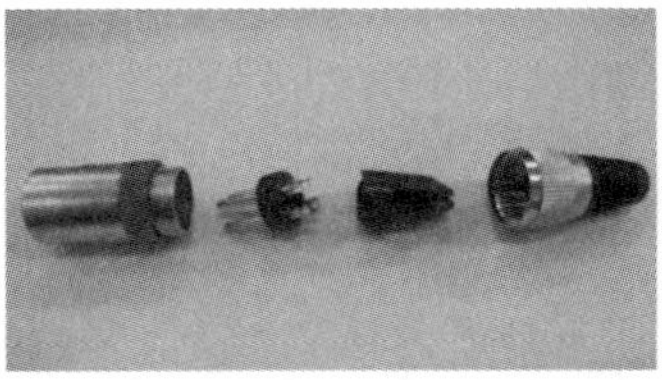	取出卡侬头，拧下______，拆掉____及____，取出内芯。在卡侬头内芯的三个焊接点上粘锡	先加热焊盘，然后再上焊锡。注意加热时间，防止损坏焊盘
5	焊接插头	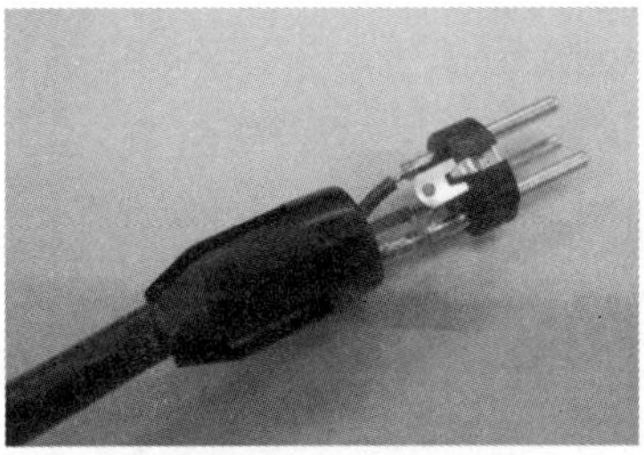	把卡侬头的底盖、线卡套入线材，然后将线芯与卡侬头对应的焊点焊接：红线连接____焊点，蓝线连接____焊点，屏蔽层连接____焊点。采用同样的方法焊接线材另一端的插头	焊接之前先将卡侬头的底盖、线卡套入线材 注意卡侬凸头和凹头的选择；不同厂家的线材颜色会不同，焊接时应“同色同端”
6	安装外壳	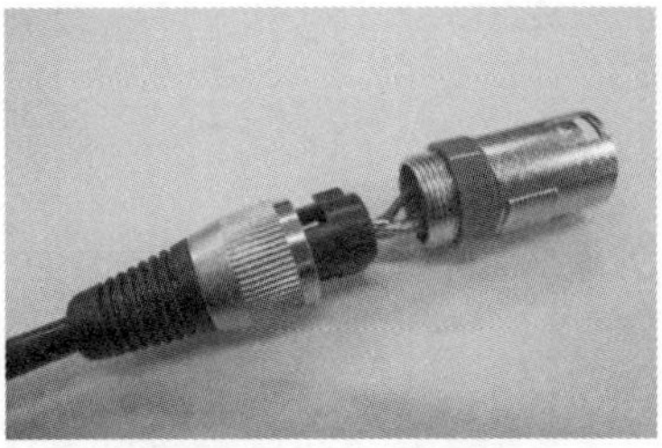	将焊接好的内芯插入卡侬头外壳，插紧线卡，拧上底盖，即完成卡侬线的制作	—

（2）大三芯线的制作

其制作过程见表 3—3—4。

表 3—3—4　　大三芯线的制作过程

序号	操作步骤	操作示意图	操作要点	注意事项
1	剥线	 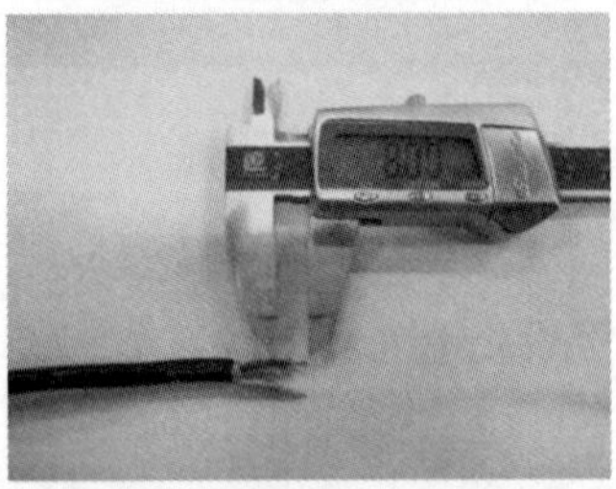 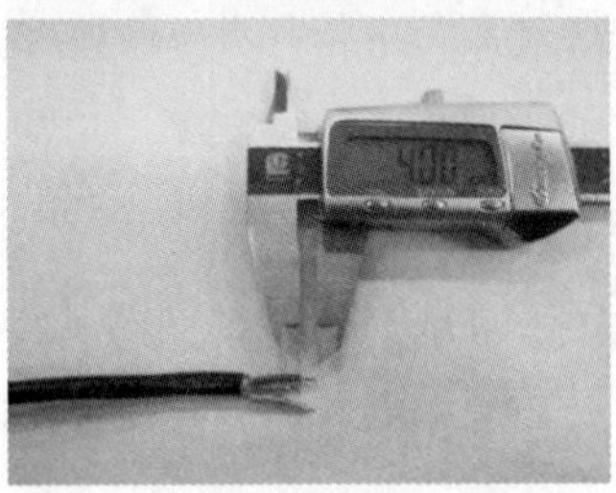	具体剥除绝缘层的要求与卡侬头相同，具体剥除尺寸参考示意图，单位为mm	两根芯线的裁剪长度不同
2	线材粘锡	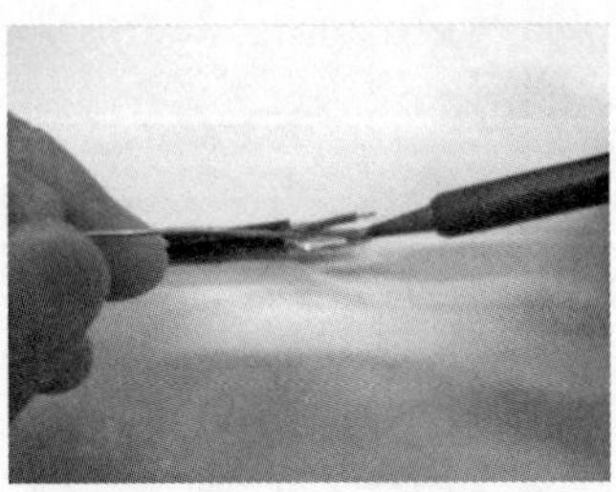	用电烙铁粘焊锡涂抹在线材的________和________	保证屏蔽线上锡后仍具有柔性，要求上锡区域不能延伸到屏蔽层根部
3	热缩管保护	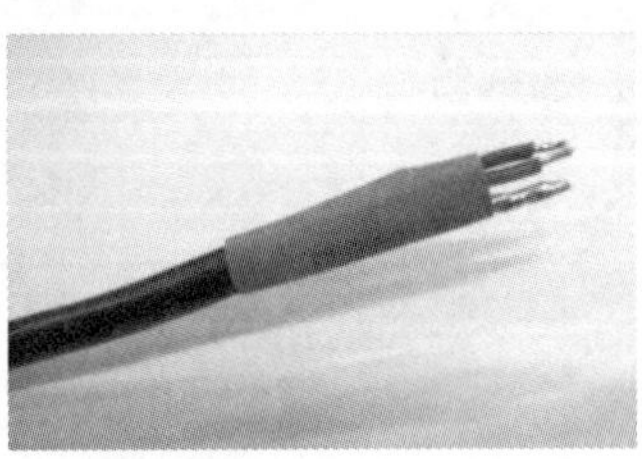	重点是线的____部分。热缩管长度为____	—

续表

序号	操作步骤	操作示意图	操作要点	注意事项
4	焊接插头	 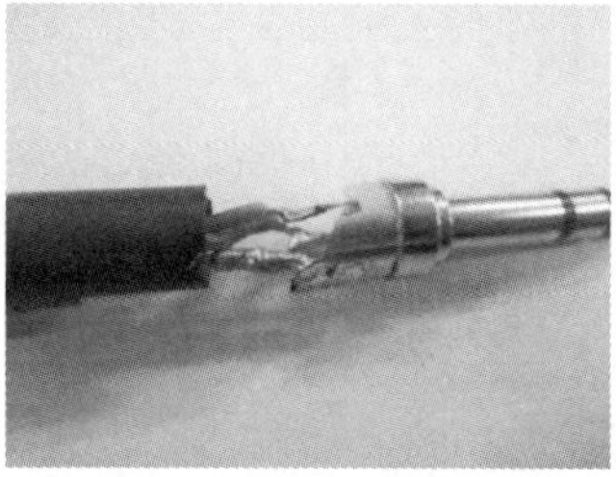	将大三芯插头的____、____、____先套入线材，然后将线芯与大三芯插头对应的焊点焊接：棕线连接顶端____焊点，蓝线连接环端____焊点，屏蔽层连接地端____焊点。采用同样的方法焊接线材另一端的插头	通常情况下大三芯头的“1”为平衡信号“＋”端（热端），“2”为平衡信号“－”端（冷端），“3”为平衡信号“屏蔽”端
5	固定	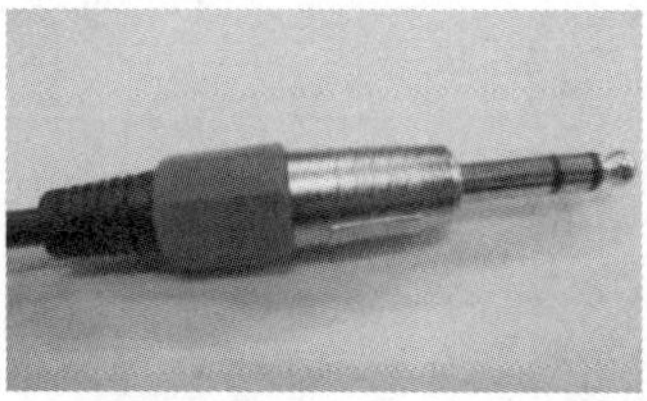	将线材的卡套套接并拧紧，即完成大三芯线的制作	—

小提示

大三芯对卡侬头的剥线、线材及插头粘锡、线材套底盖的步骤参考卡侬线和大三芯线制作过程。连接时应注意，相同功能的插头针口连接到同一颜色的线芯上。

（3）音源（非平衡）线的制作（大二芯线对莲花头）

其制作过程见表 3—3—5。

表 3—3—5　　音源线的制作过程

序号	操作步骤	操作示意图	操作要点	注意事项
1	剥线	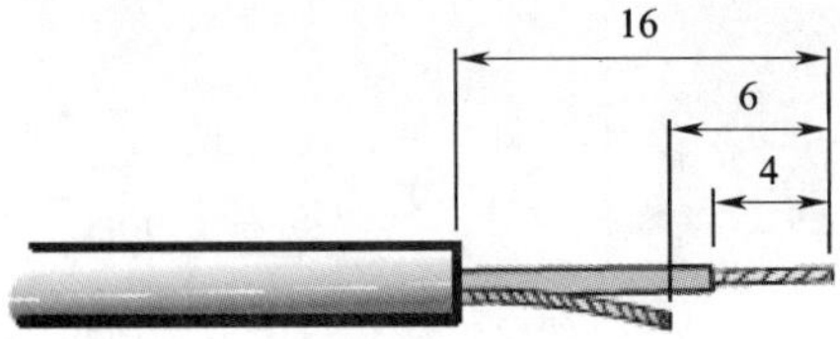	剥除绝缘层的方法参考卡侬线的制作，具体剥除尺寸参考示意图，单位为 mm	剥线时不要伤到内部导线部分
2	线材粘锡	参考卡侬线制作部分	—	—
3	热缩管保护	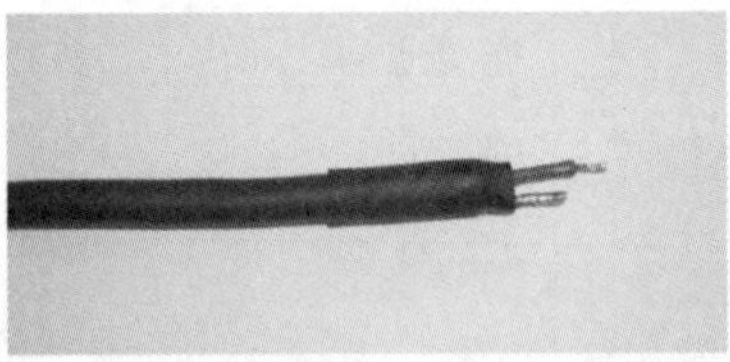	重点是线的护套部分。热缩管长度为 20 mm	—
4	焊接插头	 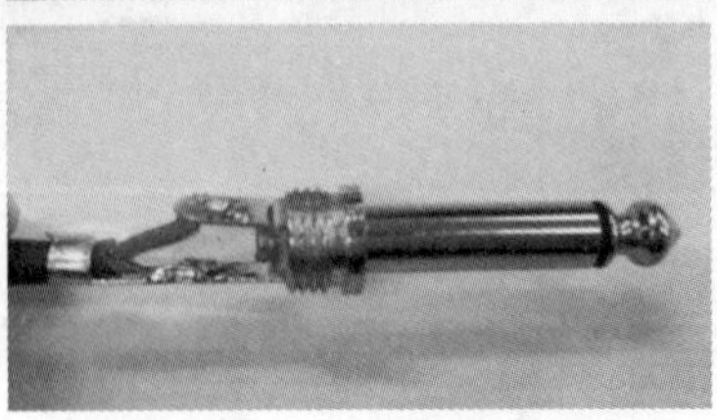	将大二芯线和莲花头的保护弹簧、底盖、护套套在线材上，按照示意图提示，芯线连接____，屏蔽层连接____	注意焊锡不要过多或过少
5	固定安装外壳	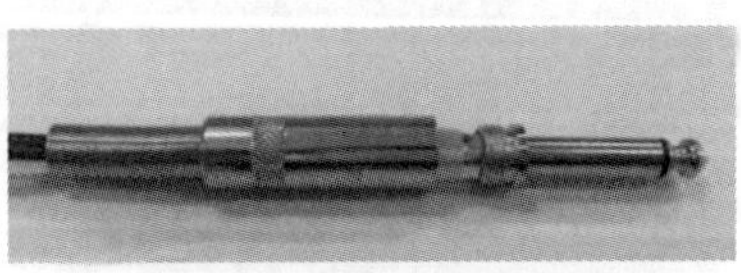 	将线材束直，用尖嘴钳将固定卡轻轻弯曲，包裹住线材后再用尖嘴钳将固定卡钳紧。拧紧底盖，即完成制作	注意固定卡边缘不要把各护套层扎破，以免形成短路及断路

二、小组合作，完成系统安装

根据小组制订的施工方案，分工合作完成舞台灯光音响系统的安装，并完成安装施工表的填写（表3—3—6）。

表3—3—6　　安装施工表

操作内容	图示	操作提示
音响机柜的安装	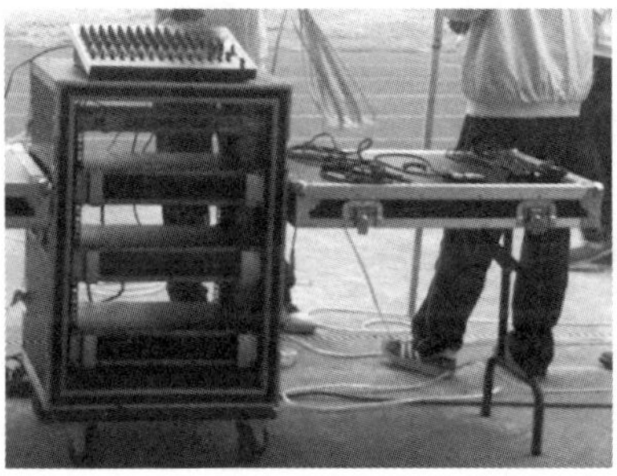	演出时，需要固定在机柜内的设备包括__________，安装过程中需要的工具有__________ 音响设备的安装顺序一般按信号流程自上而下排列，即信号源、声音处理设备在上，功率放大器在下。这样的好处是：便于信号检查、利于通风散热、重心稳 注意，操作时需2～3名同学配合，首先测量好位置，然后安装卡扣，再利用螺钉进行固定
无线麦克风的连接		无线麦克风需要利用________（线材种类）连接到________（设备名）上，线材长度约________m，接口标准________ 注意，必要时调节接收机各通道的频率，使之与无线麦克风匹配
功放的连接（根据需要选择对应的工作模式）	 STEREO 模式	将模式选择开关拨到“STEREO”挡，通道A、B的输入、输出分别接线，此时通道A和B独立工作，A的输入信号由A输出插口输出，B的输入信号由B输出插口输出
	 PARALLEL 模式	将模式选择开关拨到“PARALLEL”挡，输入仅连接A通道插口，A、B两个输出插口均连接设备。此时，通道A的输入信号同时由A和B的输出插口输出，通道B的输入插口不工作

续表

操作内容	图示	操作提示
功放的连接（根据需要选择对应的工作模式）	 BRIDGE 模式	将模式选择开关拨到“BRIDGE”挡，输出音箱连接到两个红色接线柱，每台功放仅连接一个音箱。此时，将两个通道合并为一个通道，输出功率可达到单通道的 3 倍
DVD 机的连接	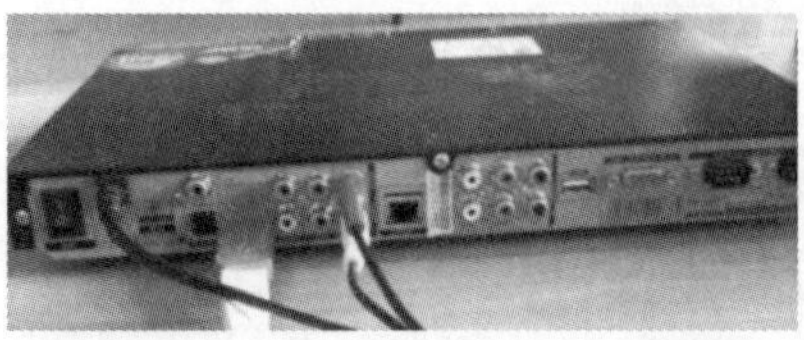	DVD 机需要利用____________（线材种类）连接到__________（设备名）上，线材长度约________m，接口标准______________
主音箱的连接		主音箱的接口为__________，需要连接到__________（设备名），线材选择___________，插头为__________ 连接时按照图中给出的角度将插头插入，然后顺时针旋转，将插头卡紧。拆卸时，先向后拉卡簧金属片，然后逆时针旋转，即可拔出插头
副音箱的连接	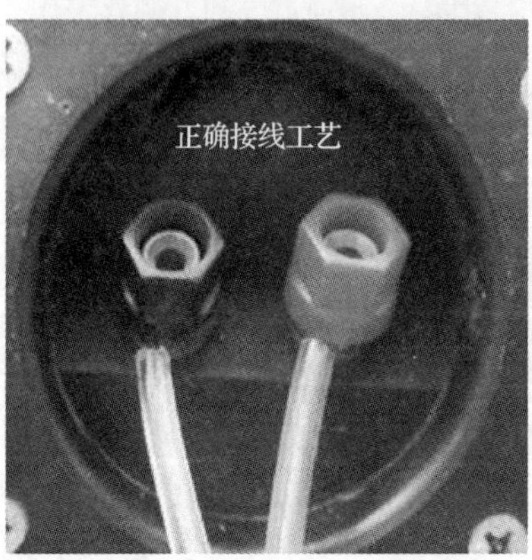	副音箱的接口为______________，需要连接到__________（设备），线材选择____________，插头为____________ 注意，连接线不能有毛刺，剥线长度不可过长，以保证连接牢固

续表

操作内容	图示	操作提示
帕灯的安装		帕灯背部有四根连接线，分别为________________，控制接口标准为________，连接时采用________（串联、并联）方式 注意，户外演出时帕灯常固定在灯架上，室内可以固定在墙壁上
摇头灯的安装		摇头灯背部三个端口分别为________________，控制接口标准为________，连接时采用________（串联、并联）方式
追光灯的安装		追光灯的型号为________，额定功率为_________，在布线时需要选用______电力线 注意，追光灯较重，需要固定好支撑的三脚架

评价与分析

根据每个小组成员在本活动学习过程中的表现情况填写《学习任务过程性考核记录表》。

学习活动4 通电调试与交付验收

学习目标

1. 能使用视、听等简单的方法对系统音质与各灯光功能进行检查，减少回响与自激。

2. 能通过操作调音台，判断各路输入信号是否正常。

3. 能排查舞台灯光音响系统的常见故障。

4. 能按照6S管理规范清点与维护工具，整理工作现场。

建议学时 24学时。

学习过程

一、通电前的检查工作（表3—4—1）

表3—4—1 检查系统接线与配电

序号	检查项目	图示	操作要点	注意事项
1	布线检查	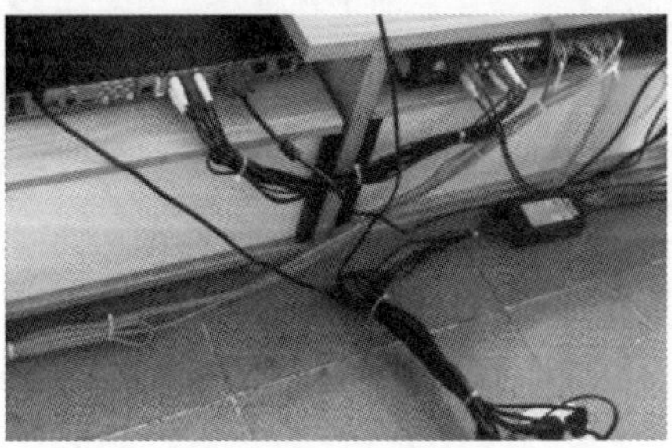	对照布线方案图，检查每条线缆是否连接正确，是否捆扎整齐，接线端是否预留足够长度	检查线材有无错接、漏接，插头有无松脱现象

续表

序号	检查项目	图示	操作要点	注意事项
2	短路检查	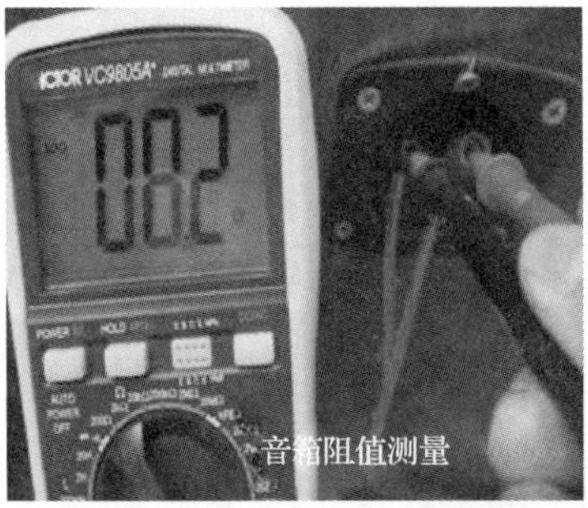	利用万用表测量信号线、屏蔽线之间的电阻，特别是音箱输入端和功放输出端	重点检查音箱线有无毛刺、剥线是否过长、正负接线是否正确、有无短路等
3	配电检查	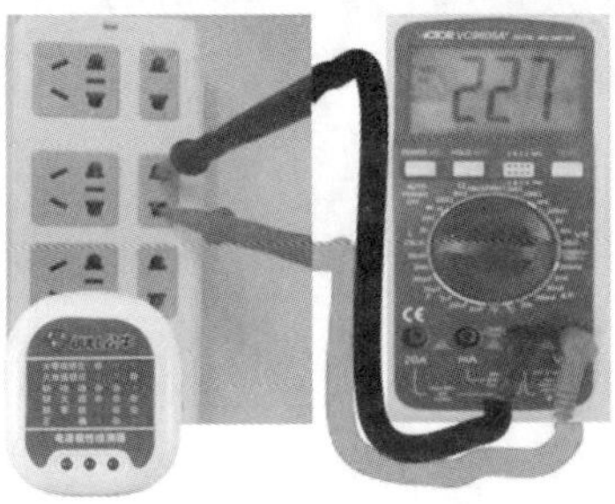	利用万用表或验电笔测量供电电压是否正常，利用电源检测器检查零、火、地线是否连接正常	—
4	旋钮位置检查	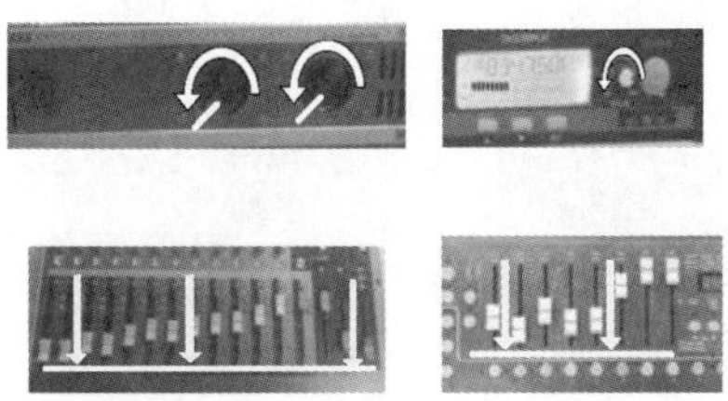	检查功放、无线麦克风等音量旋钮是否旋至最小，调音台、灯光控制器推子是否拉到最下面	—

二、灯光系统的调试（表 3—4—2）

表 3—4—2　　灯光系统的调试

序号	调试项目	图示	操作要点	注意事项
1	待机状态检查		打开总电源漏电开关，然后再逐个打开设备电源。检查待机状态，观察帕灯、摇头灯、追光灯是否进入待机状态	—

续表

序号	调试项目	图示	操作要点	注意事项
2	追光灯调试		（1）通电等待待机完成，开机出光 （2）更改光圈大小，测试频闪功能 （3）更换发光颜色，共有红、黄、蓝、绿、白五种颜色 （4）调试能否无阻挡地照射到舞台每个角落	注意，开机后需延时 5 min 才能使用；不能接触设备外壳发热部分，断电后需冷却 15 min；不可用眼睛直视发光镜头
3	帕灯和摇头灯调试		（1）利用灯光控制器调节帕灯红、绿、蓝、白光亮暗变化 （2）利用控制器调节帕灯频闪变化 （3）利用灯光控制器调节摇头灯图案变化	需要提前开灯待机预热 5 ~ 10 min；不可直视灯口

三、音响系统的调试（表 3—4—3）

表 3—4—3　　音响系统的调试

序号	调试项目	图示	操作要点
1	通电待机	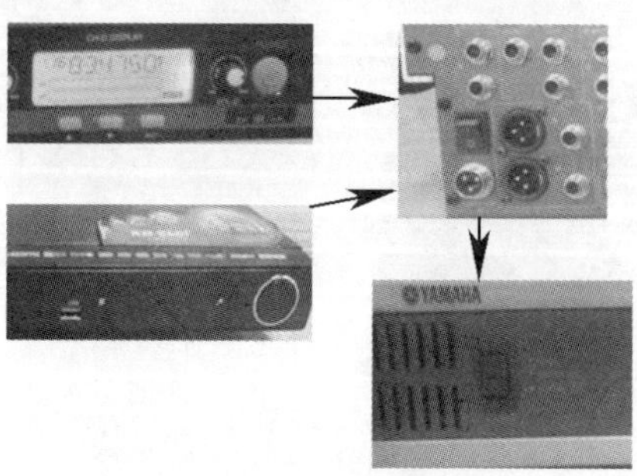	依次打开设备电源，检查工作状态是否正常、旋钮位置是否合理 开关机顺序：开机时先开音源，后开功放；关机时先关功放，后关音源

续表

序号	调试项目	图示	操作要点
2	音箱音量的调整	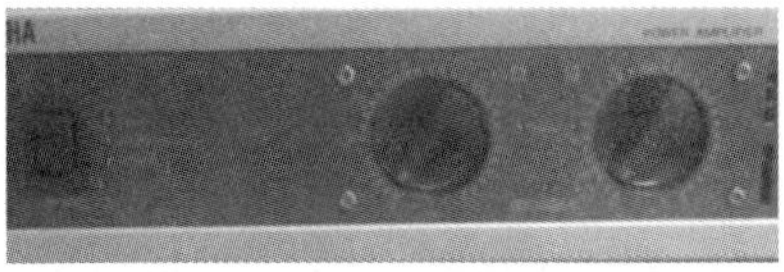	打开调音台，播放音乐信号，将总音量调到正常演出大小 打开一台功放电源，调大功放的音量，检测是否每只音箱都能正常发声，调整功放音量保证音箱不破音后，关闭电源。依次完成全部功放的调节 打开全部功放，在场地中测试声音是否正常
3	无线麦克风调试		将无线麦克风与无线麦克风主机对应通道进行频率匹配，主机音量调至 1/2 左右。对着麦克风大声说话，对应通道液晶屏有音量条显示
4	调音台增益调试		打开对应的通道开关，对着麦克风不断大声说话，同时慢慢加大麦克风通道的增益，观察此通道的 PEAK 过载指示灯，等到指示灯偶尔点亮时，再把增益旋钮稍微关小一点，该通道的增益基本调好 调音台增益调节的标准：调节到声音的最大动态范围状态，即声音的最大不失真状态
5	调音台均衡组调试		均衡组调节可以调整音色、声场，抑制声反馈。调节时先从低音部分调起，再调中高音部分，保证声音浑厚不失真

四、进行角色扮演——验收工程

工程验收时，使用角色扮演的方法，学生介绍整个工程完工情况，并演示效果给教师看，品评整个系统的灯光效果和音响效果，教师为客户提出工程上可能存在的问题，引导学生对存在的问题做出解释和处理，并做好记录。

1．学生角色

（1）介绍整个系统的组成、使用设备的主要参数、施工质量情况、信号线与电源线的材料参数等。

（2）演示整个系统的灯光和扩声效果，品评整个系统的灯光和扩声质量，讲解并演示系统的各个功能。

（3）解释“客户”提出的工程上存在的问题和后期的处理方法。

（4）填写验收记录单（表3—4—4）。

表3—4—4 验收记录单

序号	验收中存在的问题	改进和完善措施	完成时间	备注
1				
2				
3				
4				
5				

2．客户（教师）角色

（1）检查施工质量与工艺，询问工程使用的设备参数、安全事项等。

（2）要求学生演示系统的各个功能，并根据实际情况多提出疑问，锻炼学生的应变能力及对所学知识的应用能力。

五、工程验收与评分

1．学生填写工程验收单

补充填写学习活动1的工作任务联系单，一式两份，客户（教师）签字确认并盖章。

2．舞台灯光音响系统验收标准及评分（表3—4—5）

表 3—4—5　　系统验收标准及评分表

<table>
<tr><th colspan="3" rowspan="2">验收项目</th><th rowspan="2">验 收 标 准</th><th rowspan="2">分值</th><th colspan="4">评分</th></tr>
<tr><th>自我评价</th><th>小组互评</th><th>客户评价</th><th>备注</th></tr>
<tr><td rowspan="3">1</td><td rowspan="3">资料验收</td><td>系统连接图</td><td rowspan="3">内容齐全，标记详细；撰写清楚，数据准确，相互对应；设备、标准符合设计要求</td><td rowspan="3">10 分</td><td rowspan="3"></td><td rowspan="3"></td><td rowspan="3"></td><td rowspan="3"></td></tr>
<tr><td>工程布线图</td></tr>
<tr><td>材料/设备清单</td></tr>
<tr><td rowspan="3">2</td><td rowspan="3">工程安装</td><td>电气布线工艺</td><td>（1）整体布局合理、整齐、美观
（2）系统接线正确、牢固，无短路隐患，预留的接线长度合适</td><td>10 分</td><td></td><td></td><td></td><td></td></tr>
<tr><td>接线制作工艺</td><td>（1）制作的接线不能有毛刺，牢固、美观
（2）制作的接线长度要适当</td><td>10 分</td><td></td><td></td><td></td><td></td></tr>
<tr><td>设备放置</td><td>（1）设备放置满足施工图要求，布局合理、整齐、美观
（2）调音台安装位置合理、操作便利
（3）各音箱放置位置合理，固定牢靠，无阻挡</td><td>10 分</td><td></td><td></td><td></td><td></td></tr>
<tr><td rowspan="2">3</td><td rowspan="2">系统性能</td><td>音响性能</td><td>（1）麦克风声音清晰、无失真、无明显回响
（2）音源伴音声场清晰、响亮、无失真，与麦克风混响后无啸叫</td><td>20 分</td><td></td><td></td><td></td><td></td></tr>
<tr><td>灯光性能</td><td>（1）帕灯能照亮整个舞台，多色光源工作正常
（2）追光灯能照射到舞台每个角落，且有足够亮度
（3）摇头灯能够输出指定图案</td><td>20 分</td><td></td><td></td><td></td><td></td></tr>
</table>

续表

验收项目		验收标准	分值	评分			
				自我评价	小组互评	客户评价	备注
4	安全文明施工	(1) 安全用电，操作符合安全规范，具有良好的操作习惯 (2) 工作环境整洁、秩序井然 (3) 爱护工具，用完工具要物归原位，符合6S管理	20分				
合计			100分				
总评：自我评价×20%+小组互评×20%+客户评价×60%=							

六、按照现场6S管理规范清点与维护工具，整理工作现场

根据领用单清点所有工具，检查其是否有损坏，若无损坏应交还到收发处，若有损坏应及时提出。同时整理用剩下的元器件及材料并交还到收发处，清洁现场。规范填写元器件、材料及工具归还清单（表3—4—6）。

表3—4—6 元器件、材料及工具归还清单

序号	元器件、材料及工具名称	型号及规格	数量	备注
1				
2				
3				
4				
5				
6				
7				
8				
客户或负责人（签字）	年 月 日	团队负责人（签字）	年 月 日	

评价与分析

根据每个小组成员在本活动学习过程中的表现情况填写《学习任务过程性考核记录表》。

学习活动 5　工作总结与评价

学习目标

1. 能按分组情况，选派代表用 PPT 展示本组工作成果，并进行自我评价与小组评价。

2. 能结合任务完成情况，正确规范地撰写工作总结（心得体会）。

3. 能对本任务中出现的问题进行分析，并提出改进措施和方法。

建议学时　6 学时。

学习过程

一、个人、小组评价

以小组为单位，选择演示文稿、展板、海报、视频等形式中的一种或几种，向全班展示、汇报制作成果。在展示的过程中，以小组为单位进行评价；评价完成后，根据其他小组成员对本组展示成果的评价意见进行归纳总结。

二、听取教师评价

认真听取教师对本小组展示成果优缺点以及工作过程中亮点和不足的评价意见，并做好记录。

1. 教师对本小组展示成果优点的点评。

2. 教师对本小组展示成果缺点以及改进方法的点评。

3. 教师对本小组整个任务完成中出现的亮点和不足的点评。

三、工作过程回顾及总结

1. 总结完成本学习任务过程中遇到的问题和困难，列举 2～3 点你认为比较值得和其他同学分享的工作经验。

2. 回顾本学习任务的工作过程，对新学专业知识和技能进行归纳和整理，写一篇字数不少于600字的工作总结。

工作总结

评价与分析

按照“客观、公正和公平”原则，在教师的指导下按自我评价、小组评价和教师评价三种方式对自己或他人在本学习任务中的表现进行综合评价。综合等级按：A（90～100）、B（75～89）、C（60～74）、D（0～59）四个级别进行填写，见表3—5—1。

表3—5—1 学习任务综合评价表

考核项目	评价内容	配分	评价分数		
			自我评价	小组评价	教师评价
职业素养	劳动保护用品穿戴完备，仪容仪表符合工作要求	5分			
	安全意识、责任意识、服从意识强	6分			
	积极参加教学活动，按时完成各项学习任务	6分			
	团队合作意识强，善于与人交流和沟通	6分			
	自觉遵守劳动纪律，尊敬师长，团结同学	6分			
	爱护公物，节约材料，管理现场符合6S标准	6分			
专业能力	专业知识扎实，有较强的自学能力	10分			
	操作积极，训练刻苦，具有一定的动手能力	15分			
	技能操作规范，注重安装工艺，工作效率高	10分			
工作成果	项目安装符合工艺规范，产品功能满足要求	20分			
	工作总结符合要求，产品制作质量高	10分			
总分		100分			
总评	自我评价×20%＋小组评价×20%＋教师评价×60%＝	综合等级	教师（签名）：		

附表：

学习任务过程性考核记录表

任务名称：________ 学习地点：________ 学习时间：____年___月___日起至____年___月___日止

班级名称：______			团队名称：______						组长：______							教师签名：______												
序号	姓名	岗位名称	劳动组织纪律													职业道德与素养									专业知识与技能			
			早训	午训	迟到	早退	旷课	请假	零食	打闹	睡觉	离岗	游戏	闲聊	工具	卫生	仪表	礼仪	安全意识	服从意识	责任意识	态度	展示	6S	学习笔记	产品工艺	技能训练	工作页质量
1																												
2																												
3																												
4																												
5																												
6																												

记录说明：

1）早训、午训：是指做操时迟到、早退或缺席；

2）迟到、早退和旷课：是指上课期间考勤记录情况；

3）工具：是指上课不带学习或实训工具以及工具不齐；

4）卫生：是指所打扫工作台或实训室卫生不达标；

5）仪表：是指不穿工装，不戴校牌，染发，必要时不戴工作帽等；

6）礼仪：是指不按要求问好，不尊重教师，骂脏话等；

7）安全意识：是指乱动实训设备、电源，违章作业等；

8）服从意识：是指不听教师或管理人员安排工作，顶撞或威胁他人；

9）责任意识：是指做事不认真、敷衍了事，不爱护或损坏公物，浪费实训材料等；

10）态度：是指不积极、不主动参加各种教学活动，没有团队精神等。

注：劳动组织纪律各项用“正”字的“一”表示违纪 1 次或旷 1 节课；职业道德与素养以及专业知识与技能分“优、良、中、及格、不及格”五等，分别用“A、B、C、D、E”进行标注。